U0879988

地县调度典型操作票编写规范

国网浙江省电力有限公司温州供电公司　组编

中国电力出版社
CHINA ELECTRIC POWER PRESS

内 容 提 要

本书共七章，第一～五章分别介绍220kV、110kV、35kV、20kV、10kV操作指令典型任务票，给出了一次设备和二次设备运行操作指令典型任务票的编写规范；第六、七章介绍操作许可、许可设备的典型任务票的编写规范；附录给出了温州电网融冰调度处置预案、浙江电网特高压直流闭锁温州地调处置预案、浙江省地区调度操作任务的形式及其内容。

本书适用于温州电网地、县（配）调调度员编写调度操作指令票，也可作为变电运维人员接收预令、正令的参照。

图书在版编目（CIP）数据

地县调度典型操作票编写规范/国网浙江省电力有限公司温州供电公司组编．—北京：中国电力出版社，2021.4

ISBN 978-7-5198-5445-4

Ⅰ．①地… Ⅱ．①国… Ⅲ．①地区电网－电力系统调度－安全操作规程－温州 Ⅳ．①TM727.2

中国版本图书馆CIP数据核字（2021）第040717号

出版发行：中国电力出版社
地　　址：北京市东城区北京站西街19号（邮政编码100005）
网　　址：http://www.cepp.sgcc.com.cn
责任编辑：穆智勇（010-63412336）
责任校对：黄　蓓　李　楠
装帧设计：郝晓燕
责任印制：石　雷

印　　刷：三河市百盛印装有限公司
版　　次：2021年4月第一版
印　　次：2021年4月北京第一次印刷
开　　本：787毫米×1092毫米　16开本
印　　张：6.5
字　　数：133千字
印　　数：0001—1500册
定　　价：28.00元

版 权 专 有　侵 权 必 究

本书如有印装质量问题，我社营销中心负责退换

编　委　会

主　　任　赵寿生

副主任　周泰斌　吴华华　谢作尾　林国松　倪秋龙
　　　　杨　振

委　　员　郑昌庭　溪洪磊　谷　炜　杨建益　蔡丽芳

编　写　组

组　　长　俞　凯

副组长　施正钗　陆千毅　邱承杰　夏海滨

成　　员　陈　博　黄达铁　袁金腾　陈　立　赵巍巍
　　　　肖忠坚　史晓广　翁盛和　吴晓军　邹文俊
　　　　韩　峰　徐伟敏　虞天昊　李军强　刘　梅
　　　　郑　剑　臧怡宁　朱启伟　朱　燕　董辛遥
　　　　姚益剑　陈　旸　陈梦翔　郑俊翔　瞿合作
　　　　周　毅　郑　微　卢娇月　叶　展　林新华
　　　　范平达　郑　曦　郑　达　谢灵峰　陈晓燕
　　　　吴　昊　金　磊　廖申奇　邵思源　刘　萍
　　　　董志辉　刘津源　叶茜茜　张伟杰　张剑勋
　　　　蔡　倩　郑　核　柳　艳　陈学骞

编写说明

电网调度是电力系统的指挥机构，在电网运行、故障处理及计划检修等工作中发挥主导作用。而调度业务离不开操作，各项操作均要按照相关标准和技术规定的要求进行拟票、下令，其中拟票环节尤其重要。拟票即对目标任务形成调度操作指令票，利用规范术语对下级单位下发指令，对固定形式的特殊操作形成调度典型操作指令票。

调度操作指令票在前期发展过程中，由于地域化以及管辖范围的差异，没有形成统一的规范，各级调度机构也没有明确的统一规定，这样就导致调度系统对于操作指令没有形成明文要求。随着调度业务的逐步完善，调度操作指令由上到下形成一定的规则，各级调度遵照调规要求都有各自的操作指令模式。温州地区率先于 2007 年开发防误操作票系统，将操作指令票以电子票的形式进行表达和使用，第一次比较系统地整合了调度命令和操作形式。

但是温州地区至今缺乏一套调度典型操作指令票的规范，多年来在培养调度员过程中缺乏操作指令票拟定的参照，多数都是参考历史操作票以及操作习惯来传承拟票技能。因此，为加强温州电力系统调度管理工作，提升标准化管理效率，规范和推广温州电网调度操作流程和操作术语，编制了《地县调度典型操作票编写规范》。本书适用于地、县（配）调调度员编写调度操作指令票，也可作为变电运维人员接收预令、正令的参照。为方便读者使用，本书中的调度术语和名词术语统一使用实际工作中应用的简称。

本书是在温州地区 110kV 变电站属地化管理后诞生的，具有一定划时代的意义，也体现这个阶段调度业务的特点，特别是结合温州地区的实际情况，将地县两级调度操作指令做了统一。内容涉及温州地区地、县（配）调管辖范围内各电压等级的电气操作，包括一、二次电气设备的常见操作。操作大多数为单一设备或关联设备的停复役操作，不包含多项设备停复役的复杂操作，相对比较单一和简单。编写的顺序按照从高到低的电压等级进行说明。附录介绍了近年来涉及调度指令的常见方案以及调度规程所规定的操作规范。本书内容覆盖了调度业务涉及的大多数操作指令，某些特定操作指令没有规范统一的则不做说明，后续增加的操作指令会在下一版本及时更新。

希望本书能帮助广大调度人员尽快掌握调度业务，适应调度岗位。

编　者

2021 年 3 月

目　录

第一章　220kV 操作指令典型任务票

本章主要介绍 220kV 电压等级相关设备的典型操作，主要涉及省调、地调及上铁调 220kV 设备的操作。考虑到不同管辖范围，本章内容均以温州地调为主体，介绍相关设备的停复役操作，包含所有涉及温州地调的 220kV 设备操作，可以作为地调调度员的开票参照。

第一节　一次设备运行操作

一、220kV 线路停/复役操作

此处涉及的 220kV 线路均为地调调度、省调许可的终端线路。

（1）线路的停、复役操作，由地调值班调度员向省调申请线路的停复役，然后开始发布操作指令完成线路的停、复役及相关保护调整操作。

（2）解环操作前，应检查解环点的有功、无功潮流，确保解环后各部分电压在规定数值内，各环节的潮流变化不超过继电保护、安全自动装置、系统稳定和设备容量等方面的限额。

（3）合环操作时，应满足相位相同或偏差尽量小的条件。操作前应考虑合环点两侧的相角差和电压差，电压相角差一般不超过 20°，电压差一般允许在 20%以内，确保合环后各环节潮流的变化不超过继电保护、电网稳定和设备容量等方面的限额。对比较复杂的环网的合环操作，应事先进行计算或校验。

（4）合环操作时，有同期并列装置的开关在正常或事故处理时均应使用“同期”方式进行操作，不允许自行解除同期闭锁装置。

（5）合、解环点一般应选择短路容量小、联系弱的一侧。若一侧是馈供终端，则应选在终端侧；若大系统和小系统合、解环，则应选择小系统侧。

220kV 线路停/复役操作指令见表 1-1。

表 1-1　　220kV 线路停/复役操作指令

序号	单位	操作内容	备注
		XY2001 线停役操作	
1	省调	省调：申请 XY2001 线停役	

续表

序号	单位	操 作 内 容	备注
2	A 调监控	X 变：XY2001 线由正母运行改正母热备用（解环）	注意正确选择解环点
3	B 调监控	Y 变：XY2001 线由正母运行改正母热备用	
4	X 变运维班	X 变：XY2001 线由正母热备用改冷备用	
5	Y 变运维班	Y 变：XY2001 线由正母热备用改冷备用	
6	X 变运维班	X 变：XY2001 线由冷备用改线路检修/开关及线路检修	
7	Y 变运维班	Y 变：XY2001 线由冷备用改线路检修/开关及线路检修	
8	省调	省调：汇报 XY2001 线已停役	
XY2001 线复役操作			
1	省调	省调：申请 XY2001 线复役	
2	X 变运维班	X 变：XY2001 线由线路检修/开关及线路检修改冷备用	
3	Y 变运维班	Y 变：XY2001 线由线路检修/开关及线路检修改冷备用	
4	X 变运维班	X 变：XY2001 线由冷备用改正母热备用	
5	Y 变运维班	Y 变：XY2001 线由冷备用改正母热备用	
6	B 调监控	Y 变：XY2001 线由正母热备用改正母运行（充电）	
7	A 调监控	X 变：XY2001 线由正母热备用改正母运行（合环）	通常合、解环选同侧开关
8	省调	省调：汇报 XY2001 线已复役	

二、220kV 母线及母线设备停/复役

此处涉及的 220kV 母线及母线设备是指终端 220kV 变电站的母线及母线设备。

（1）非单母运行变电站的 220kV 母线停复役操作可采用操作指令，地调发布的操作指令一般为综合令，包含间隔设备倒排，母联开关、母线压变的停复役操作，由现场根据典型操作票自行调整。

（2）根据现场典型操作票，当 220kV 母线改为检修状态时，母线压变由现场自行调整为冷备用状态，当 220kV 母线为冷备用状态时，母线压变可为运行或冷备用状态，若母线压变有工作需改检修状态时，需地调对母线压变单独发令。

（3）地调操作的母线，若因母联开关、母分开关检修而通过母线闸刀打连通方式的，则应包含打连通闸刀的操作，一般可选择主变闸刀打连通，该闸刀运行状态由现场运行人员自行掌握。

（4）母线在从检修状态复役时应先操作到冷备用状态。对于母线开断后不能根据调度指令改变状态的部分，视为不在调度指令所涉设备范围内，综合令所含的操作不包括在其上进行的倒排操作。

操作指令如下：

（1）220kV 母线停/复役操作指令（母线压变无工作）见表 1-2。

表 1-2　220kV 母线停/复役操作指令（母线压变无工作）

序号	单位	操作内容	备注
X 变 220kV 正母线停役（母线冷备用）			
1	X 变运维班	X 变：220kV 正母线由运行改冷备用（包括倒排）	综合令，包含间隔倒排及母联、母分等开关操作
X 变 220kV 正母线复役			
1	X 变运维班	X 变：220kV 正母线由冷备用改运行（包括倒排）	综合令，不含倒排至开断后仍有工作的部分母线
X 变 220kV 正母线停役（母线检修）			
1	X 变运维班	X 变：220kV 正母线由运行改母线检修（包括倒排）	综合令，包含间隔倒排及母联、母分等开关操作
X 变 220kV 正母线复役			
1	X 变运维班	X 变：220kV 正母线由母线检修改冷备用	
2	X 变运维班	X 变：220kV 正母线由冷备用改运行（包括倒排）	综合令，不含倒排至开断后仍有工作的部分母线

（2）220kV 母线及压变停/复役操作指令见表 1-3。

表 1-3　220kV 母线及压变停/复役操作指令

序号	单位	操作内容	备注
X 变 220kV 正母线及压变停役（母线冷备用，压变检修）			
1	X 变运维班	X 变：220kV 正母线由运行改冷备用（包括倒排）	综合令
2	X 变运维班	X 变：220kV 正母压变由运行改压变检修	
X 变 220kV 正母线及压变复役			
1	X 变运维班	X 变：220kV 正母压变由压变检修改冷备用	
2	X 变运维班	X 变：220kV 正母线由冷备用改运行（包括倒排、压变改运行）	综合令
X 变 220kV 正母线及压变停役（母线、压变均检修）			
1	X 变运维班	X 变：220kV 正母线由运行改母线检修（包括倒排）	综合令
2	X 变运维班	X 变：220kV 正母压变由冷备用改压变检修	
X 变 220kV 正母线及压变复役			
1	X 变运维班	X 变：220kV 正母压变由压变检修改冷备用	
2	X 变运维班	X 变：220kV 正母线由母线检修改冷备用（包括压变改运行）	
3	X 变运维班	X 变：220kV 正母线由冷备用改运行（包括倒排）	综合令

（3）220kV 母线压变停/复役操作指令见表 1-4。

表 1-4　　220kV 母线压变停/复役操作指令

序号	单位	操　作　内　容	备注
X 变 220kV 正母压变停役			
1	X 变运维班	X 变：220kV 正母压变由运行改冷备用/压变检修	若与副母线一次并列，应注明二次并列
X 变 220kV 正母压变复役			
1	X 变运维班	X 变：220kV 正母压变由冷备用/压变检修改运行	

（4）220kV 母联开关停/复役操作指令见表 1-5。

表 1-5　　220kV 母联开关停/复役操作指令

序号	单位	操　作　内　容	备注
X 变 220kV 母联开关停役			
1	X 变运维班	X 变：220kV 母联开关由运行改热备用/冷备用/开关检修（包括合上#1 主变 220kV 副母闸刀）	通常用主变正副母闸刀打联通
X 变 220kV 母联开关复役			
1	X 变运维班	X 变：220kV 母联开关由热备用/冷备用/开关检修改运行（包括拉开#1 主变 220kV 副母闸刀）	

三、220kV 主变停/复役操作

（1）220kV 主变停复役操作一般为单项操作指令，若主变所在变电站为终端变电站，则由地调直接发令；若主变所在变电站为非终端变电站，则由省调许可主变停复役，地调发令操作。

（2）220kV 主变操作过程中短时地拉合中性点接地闸刀，调度不发令，由运行人员根据现场要求操作。

（3）对双母线接线变电站，220kV 主变状态随主变 220kV 开关所处状态（如#1 主变处正母运行，则#1 主变 220kV 开关必定在正母运行状态）。另外，220kV 主变的 110kV 开关、35kV（10kV）开关状态在主变改运行时没明确指出，则按主变正常运行状态执行，否则地调在发布正令时会明确指出相应的开关状态。

主变操作注意事项：

1）主变 220kV、110kV 中性点为半绝缘的主变，在主变停电或充电前，必须先合上主变 220kV、110kV 中性点接地闸刀。主变 220kV、110kV 中性点接地保护，应随相关规定做相应调整。正常方式 220kV、110kV 中性点接地的主变停役前，先将 220kV、110kV 中性点不接地主变的 220kV、110kV 中性点改接地并按规定调整相关保护。

2）主变 220kV、110kV 中性点为半绝缘的主变，出现主变高压侧开关停役，由主变中压侧倒送主变低压侧方式时，则高压侧（220kV 主变的 220kV、110kV）中性点接地闸刀需合上，中性点保护按规定投入。正常备用主变（110kV 侧热备用），110kV 中性点接地闸刀合上，零序保护停用（整定有要求者除外）。

3）主变由运行改热备用（冷备用）时，应先拉开低压侧开关，再拉开中压侧开关，最后拉开高压侧开关。主变由热备用（冷备用）改运行时反之。

4）主变检修复役充电前，应投入主变保护。差动保护需做带负荷试验的，主变充电后，带负荷前将差动保护停用，然后进行差动保护带负荷试验，试验正确后投跳闸（差动、瓦斯保护不得同时停用）；主变运行后，将有关保护联跳其他开关以及其他保护（自动装置等）跳本主变开关压板投入。

操作指令如下：

（1）终端变电站 220kV 主变停/复役操作指令见表 1-6。

表 1-6　　终端变电站 220kV 主变停/复役操作指令

序号	单位	操作内容	备注
X 变#1 主变停役（主变开关不改开关检修）			
1	X 变运维班	X 变：#1 主变由正母运行改主变检修/冷备用	
X 变#1 主变复役（主变开关不改开关检修）			
1	X 变运维班	X 变：#1 主变由主变检修/冷备用改正母运行	
X 变#1 主变停役（主变开关需改开关检修）			
1	X 变运维班	X 变：#1 主变由正母运行改冷备用	
2	X 变运维班	X 变：#1 主变由冷备用改主变检修	在主变改冷备用后，主变和各侧开关改检修可同时进行
3	X 变运维班	X 变：#1 主变 220kV 开关由冷备用改开关检修	
4	X 变运维班	X 变：#1 主变 110kV 开关由冷备用改开关检修	
5	X 变运维班	X 变：#1 主变 35kV 开关由冷备用改开关检修	
X 变#1 主变复役（主变开关需改开关检修）			
1	X 变运维班	X 变：#1 主变由主变检修改冷备用	主变在检修时，主变和各侧开关改冷备用可同时进行
2	X 变运维班	X 变：#1 主变 220kV 开关由开关检修改冷备用	
3	X 变运维班	X 变：#1 主变 110kV 开关由开关检修改冷备用	
4	X 变运维班	X 变：#1 主变 35kV 开关由开关检修改冷备用	
5	X 变运维班	X 变：#1 主变由冷备用改正母运行	

（2）非终端变电站 220kV 主变停/复役操作指令见表 1-7。

表 1-7　非终端变电站 220kV 主变停/复役操作指令

序号	单位	操　作　内　容	备注
X 变#1 主变停役（主变开关不改开关检修）			
1	省调	省调：申请 X 变#1 主变停役	
2	X 变运维班	X 变：#1 主变由正母运行改主变检修/冷备用	
3	省调	省调：汇报 X 变#1 主变已停役	
X 变#1 主变复役（主变开关不改开关检修）			
1	省调	省调：申请 X 变#1 主变复役	
2	X 变运维班	X 变：#1 主变由主变检修/冷备用改正母运行	
3	省调	省调：汇报 X 变#1 主变已复役	
X 变#1 主变停役（主变开关需改开关检修）			
1	省调	省调：申请 X 变#1 主变停役	若省调工作要求，需明确主变 220kV 开关状态
2	X 变运维班	X 变：#1 主变由正母运行改冷备用	
3	X 变运维班	X 变：#1 主变由冷备用改主变检修	
4	X 变运维班	X 变：#1 主变 220kV 开关由冷备用改开关检修	
5	X 变运维班	X 变：#1 主变 110kV 开关由冷备用改开关检修	
6	X 变运维班	X 变：#1 主变 35kV 开关由冷备用改开关检修	
7	省调	省调：汇报 X 变#1 主变已停役	
X 变#1 主变复役（主变开关需改开关检修）			
1	省调	省调：申请 X 变#1 主变复役	若省调工作要求主变 220kV 开关状态，应确认省调工作已完结
2	X 变运维班	X 变：#1 主变由主变检修改冷备用	
3	X 变运维班	X 变：#1 主变 220kV 开关由开关检修改冷备用	
4	X 变运维班	X 变：#1 主变 110kV 开关由开关检修改冷备用	
5	X 变运维班	X 变：#1 主变 35kV 开关由开关检修改冷备用	
6	X 变运维班	X 变：#1 主变由冷备用改正母运行	
7	省调	省调：汇报 X 变#1 主变已复役	

四、220kV 设备倒排操作

（1）220kV 设备倒排操作分为热倒和冷倒两种方式。正常运行方式下，设备不停电倒排选择热倒；母线故障情况下的倒排可采用冷倒。

（2）热倒，即设备不停电倒排，操作时现场运行人员根据典型操作票自行将母联开关、母分开关改为运行非自动，防止开关偷跳造成带负荷拉闸刀，合上将倒向的母线闸刀，然后拉开正运行的母线闸刀。

（3）冷倒时，将倒排的间隔开关置热备用状态，拉开正运行的母线闸刀，合上将倒向的母线闸刀，然后合上开关。为确保安全，也可先将开关改冷备用或热备用非自动，再合将倒向的母线侧闸刀。

操作指令如下：

（1）220kV运行线路倒排操作指令见表1-8。

表1-8　　220kV运行线路倒排操作指令

序号	单位	操作内容	备注
X变XY2001线由正母倒至副母			
1	X变运维班	X变：XY2001线由正母运行改副母运行	热倒

（2）220kV充电线路倒排操作指令见表1-9。

表1-9　　220kV充电线路倒排操作指令

序号	单位	操作内容	备注
X变XY2001线（热备用）由正母倒至副母			
1	X变运维班	X变：XY2001线由正母热备用改副母热备用（冷倒）	

（3）220kV主变倒排操作指令见表1-10。

表1-10　　220kV主变倒排操作指令

序号	单位	操作内容	备注
X变#1主变由正母倒至副母			
1	X变运维班	X变：#1主变220kV开关由正母运行改副母运行	热倒

五、新设备启动

（1）温州地调管辖的220kV厂站的新设备启动操作由温州地调拟写启动操作票并发令操作。

（2）温州地调拟写的启动操作票包括：启动设备的投产情况汇报，启动设备的运行状态核对，新继保整定单的核对，启动方式的调整操作（500kV变电站方式由省调调整），对新设备的冲击、核相、带负荷试验等许可工作，试验接线的拆除，变电站恢复正常接线，新设备的24h试运行等内容。

（3）对于基建结束待启动的设备，无论该设备之前是否为地调调度管辖设备，在启动开始前核对设备状态时，由现场确认相关工作结束，并依据启动方案中对启动设备初始状态的要求进行调整，调整完成后与地调调度核对设备状态。

（4）老开关老保护向新线路冲击时，两侧保护均按正常方式投入跳闸，重合闸停用。

（5）对新投产的线路保护，冲击时新线路保护的微机保护、纵联保护可投入跳闸，重合闸停用。冲击结束做带负荷实验之前应全部改信号。

（6）线路单侧开关更换后，用对侧开关向新开关冲击时，两侧保护按正常方式投入跳闸，冲击侧保护灵敏段时限改 0.5s，重合闸停用；若单侧 TA 更换，用对侧开关向新 TA 冲击时，两侧保护按正常方式投跳，冲击侧保护灵敏段时限改为 0.5s，重合闸停用。

（7）用 220kV 母联（母分）开关对线路冲击时，用上 220kV 母联（母分）开关过流解列保护（一般应为 0s 跳闸）。

（8）带负荷试验线路与 220kV 母联（母分）开关串联时，使用母联（母分）开关过流解列保护，此时过流解列保护应可靠躲过负荷电流（按保护允许负荷电流限额）及有足够的灵敏度，且一般应带 0.3s 时限。

（9）线路保护做带负荷试验前必须先改信号，试验正确结束后可投入跳闸。

操作指令如下：

（1）线路启动操作指令（例如柱科 4P13 线、柱技 4P14 线启动）见表 1-11。

表 1-11　　线路启动操作指令（例如柱科 4P13 线、柱技 4P14 线启动）

序号	单位	操　作　内　容	备注
1	输电运检室	输电：汇报柱科 4P13 线、柱技 4P14 线全线架通，验收合格，施工接地线拆除，工作人员已全部撤离，线路一次定相正确，线路参数已测试，线路具备启动条件	
2	瓯海运维班	天柱变：汇报柱科 4P13 线、柱技 4P14 线间隔设备已安装调试完毕，线路避雷器已安装，验收合格，纵联保护联调结束，施工接地线拆除，工作人员全部撤离，一次设备目测相位正确，现场运行规程及典型操作票已修订，运行人员熟悉一、二次设备及有关规程，具备启动条件。现柱科 4P13 线、柱技 4P14 线间隔处冷备用	
3	永强运维班	科技变：汇报柱科 4P13 线、柱技 4P14 线、220kV 母联开关间隔（220kV 母联过流解列保护一次通流传动试验完毕具备可靠动作条件），220kV 正、副母线，#1、#2 主变及三侧间隔，#1、#2 主变限流电抗器均已安装调试完毕，线路避雷器已安装，验收合格，纵联保护联调结束，施工接地线拆除，工作人员全部撤离，一次设备目测相位正确，通信畅通，自动化联调完毕，现场运行规程及典型操作票已制定，运行人员熟悉一、二次设备及有关规程，具备启动条件。现柱科 4P13 线、柱技 4P14 线开关及线路、220kV 正、副母线（220kV 正、副母线压变运行状态）、220kV 母联开关均处冷备用；#1、#2 主变本体及三侧间隔处冷备用	
4	永强运维班	科技变：汇报 110kV Ⅰ段、Ⅱ段母线及母线设备、110kV Ⅲ段母线、110kV Ⅰ-Ⅱ段母分开关间隔安装调试完毕，验收合格，具备投运条件；110kV Ⅱ-Ⅲ段母分开关Ⅱ段、Ⅲ段母线闸刀安装调试完毕，验收合格，具备投运条件；科山 1664 线间隔、科天新 1667 线间隔、科宏 1661 线间隔、科丁 1663 线间隔、科河 1666 线间隔、科筑 1665 线间隔、科泽 1662 线间隔、待用 1668 间隔、待用 1669 间隔（电缆未进仓、引线未搭接）均已安装调试完毕，验收合格，具备投运条件；现 110kV Ⅰ段、	

续表

序号	单位	操作内容	备注
4	永强运维班	Ⅱ段、Ⅲ段母线（110kV Ⅰ段、Ⅱ段母线压变运行状态）、110kV Ⅰ-Ⅱ段母分开关间隔、科山 1664 线间隔、科天新 1667 线间隔、科宏 1661 线间隔、科丁 1663 线间隔、科河 1666 线间隔、科筑 1665 线间隔、科泽 1662 线间隔、待用 1668 间隔、待用 1669 间隔处冷备用、110kV Ⅱ-Ⅲ段母分开关Ⅱ、Ⅲ母线闸刀均处分闸状态	
5	永强运维班	科技变：待用 1671 间隔（非完整）母线闸刀安装调试完毕，并根据《温州电网温州电网 110kV 及以下待用间隔调度管理说明（试行）》的相关要求完成纳入地调调度管理的生产准备，相关安全措施均已落实	
6	温州配调	科技变：汇报 10kV 母线及母线设备、10kV 线路开关间隔、电容器、电抗器、所用变、消弧线圈开关间隔设备均已安装调试完毕，验收合格，具备投运条件；现科技变 10kV Ⅰ段、Ⅱ段母线冷备用状态（母线压变运行状态），10kV 母分开关间隔冷备用状态	
7	瓯海运维班	天柱变：柱科 4P13 线第一套、第二套线路保护已执行 WZDD20190253、WZDD20190254 号定单，柱科 4P13 线第一套、第二套断路器保护已执行 WZDD20190355、WZDD20190357 号定单，柱技 4P14 线第一套、第二套线路保护已执行 WZDD20190255、WZDD20190256 号定单，柱技 4P14 线第一套、第二套断路器保护已执行 WZDD20190356、WZDD20190358 号定单，均已核对正确，现柱科 4P13 线、柱技 4P14 线微机保护（2 区）、纵联保护均处跳闸，重合闸均处信号	
8	永强运维班	科技变：汇报柱科 4P13 线第一套、第二套线路保护已执行 WZDD20190257、WZDD20190258 号定单，柱技 4P14 线第一套、第二套线路保护已执行 WZDD20190259、WZDD20190260 号定单，均已核对正确，现柱科 4P13 线、柱技 4P14 线微机保护（1 区）、纵联保护均处跳闸，重合闸均处信号	
9	永强运维班	科技变：220kV 第一套、第二套母联过流解列保护已执行 WZDD20190261、WZDD20190262 号定单，220kV 第一套、第二套母差保护已执行 WZDD20190263、WZDD20190264 号定单，均已核对正确（220kV 母联过流解列保护一次通流及传动试验完毕，具备正确动作条件），220kV 第一套、第二套母差保护均处信号，220kV 第一套、第二套母联过流解列保护均处信号	
10	永强运维班	科技变：#1 主变第一套保护、第二套保护已执行 WZDD20190247、WZDD20190248 定值单，#1 主变瓦斯保护已执行 WZDD20190249 号定值单；#2 主变第一套保护、第二套保护已执行 WZDD20190250、WZDD20190251 定值单，#2 主变瓦斯保护已执行 WZDD20190252 号定值单，均已核对正确，#1、#2 主变 220kV 侧电压分接头放第Ⅵ档（238.625kV），#1 主变第一套（3 区）、第二套保护（3 区）、瓦斯保护、主变压力释放阀均处跳闸，#2 主变第一套（3 区）、第二套保护（3 区）、瓦斯保护、主变压力释放阀均投跳闸位置	
11	永强运维班	科技变：汇报 110kV 母差已执行 WZDD20190279 号定单，110kV Ⅰ-Ⅱ段母分过流解列保护已执行 WZDD20190278 号定单，10kV 备自投已执行 WZDD20190416 号定单，均已核对正确（110kV Ⅰ-Ⅱ段母分过流解列保护一次通流及传动试验完毕，具备正确动作条件），110kV 母差保护处信号，110kV Ⅰ-Ⅱ段母分过流解列保护处信号，10kV 备自投处信号	

续表

序号	单位	操　作　内　容	备注
12	永强运维班	科技变：汇报 110kV 线路故障录波器已执行 WZDD20190285 号定单；主变第一套第二套主变故障录波器已执行 WZDD20190281、WZDD20190282 号定单；220kV 第一套第二套线路故障录波器已执行 WZDD20190283、WZDD20190284 号定单，均已核对正确	
13	温州配调	科技变：许可 10kV 母分开关改运行（无电）	
14	永强运维班	科技变：合上#1 主变 220kV 中性点接地闸刀	
15	永强运维班	科技变：合上#1 主变 110kV 中性点接地闸刀	
16	永强运维班	科技变：合上#2 主变 220kV 中性点接地闸刀	
17	永强运维班	科技变：合上#2 主变 110kV 中性点接地闸刀	
18	永强运维班	科技变：110kV Ⅰ-Ⅱ段母分开关由冷备用改运行（无电）	
19	永强运维班	科技变：合上 110kV Ⅱ-Ⅲ段母分开关Ⅱ段母线闸刀（无电）	
20	永强运维班	科技变：合上 110kV Ⅱ-Ⅲ段母分开关Ⅲ段母线闸刀（无电）	
21	永强运维班	科技变：110kV Ⅰ-Ⅱ段母分过流解列保护由信号改跳闸（2 区）	
22	永强运维班	科技变：科山 1664 线间隔、科天新 1667 线间隔、科宏 1661 线间隔、科丁 1663 线间隔、科河 1666 线间隔、科筑 1665 线间隔、科泽 1662 线间隔、待用 1668 间隔、待用 1669 间隔由冷备用改运行（无电）	
23	永强运维班	科技变：合上#1、#2 主变 220kV 正母闸刀及开关（220kV 副母闸刀、主变闸刀拉开位置）	
24	永强运维班	科技变：220kV 母联开关由冷备用改运行（无电）	
25	永强运维班	科技变：220kV 第一套、第二套母联过流解列保护由信号改跳闸（1 区）	
26	浙江省调	省调：汇报柱科 4P13 线、柱技 4P14 线和科技变启动期间，场桥变、天河变防全停组织管理措施已落实	
27	浙江省调	省调：汇报柱科 4P13 线、柱技 4P14 线全线架通，验收合格，施工接地线拆除，工作人员已全部撤离，线路一次定相正确，线路参数已测试，线路具备启动条件	
28	浙江省调	省调：汇报科技变柱科 4P13 线、柱技 4P14 线、220kV 母联开关间隔（220kV 母联过流解列保护一次通流传动试验完毕具备可靠动作条件），220kV 正、副母线，#1、#2 主变及三侧间隔设备均已安装调试完毕，线路避雷器已安装，验收合格，纵联保护联调结束，施工接地线拆除，工作人员全部撤离，一次设备目测相位正确，通信畅通，自动化联调完毕，现场运行规程及典型操作票已制定，运行人员熟悉一、二次设备及有关规程，具备启动条件	
29	浙江省调	省调：汇报天柱变柱科 4P13 线、柱技 4P14 线间隔设备已安装调试完毕，线路避雷器已安装，验收合格，纵联保护联调结束，施工接地线拆除，工作人员全部撤离，一次设备目测相位正确，现场运行规程及典型操作票已修订，运行人员熟悉一、二次设备及有关规程，具备启动条件	

续表

序号	单位	操 作 内 容	备注
30	浙江省调	省调：申请天柱变 220kV 正母Ⅱ段、#2 母联开关及 220kVⅡ段第一、二套母差保护调度关系借温调（要求天柱变 220kV 正母Ⅱ段空出、#2 母联开关改热备用非自动、220kV 正母分段开关改热备用非自动、#2 母联过流解列保护投跳、220kVⅡ段第一、二套母差保护改信号）	
31	浙江省调	省调：现天柱变 220kV 正母Ⅱ段空出，220kV#2 母联开关热备用非自动（母联第一、二套过流解列保护跳闸），220kV Ⅱ段第一、二套母差保护信号状态调度关系借你调（第二次冲击结束后的#2 母联过流解列保护改定值工作由你调自行负责）	
32	永强运维班	科技变：柱科 4P13 线由冷备用改正母运行（无电）	
33	永强运维班	科技变：柱技 4P14 线由冷备用改正母热备用	
34	瓯海运维班	天柱变：柱科 4P13 线由冷备用改正母Ⅱ段运行（无电）	
35	瓯海运维班	天柱变：柱技 4P14 线由冷备用改正母Ⅱ段运行（无电）	
36	总指挥	总指挥：汇报柱科 4P13 线、柱技 4P14 线线路及两侧间隔，科技变 220kV 正、副母线冲击接线调整完毕，具备冲击条件，请同意冲击	
37	瓯海运维班	天柱变：220kV #2 母联开关由热备用非自动改运行（第一次冲击，合闸 5min）	对柱科 4P13 线、柱技 4P14 线线路及天柱变、科技变侧间隔，科技变 220kV 母联开关，220kV 正、副母线冲击
38	瓯海运维班	天柱变：拉开 220kV #2 母联开关（3min）	
39	瓯海运维班	天柱变：合上 220kV #2 母联开关（第二次冲击，合闸 5min）	
40	瓯海运维班	天柱变：拉开 220kV #2 母联开关（3min）	
41	瓯海运维班	天柱变：220kV #2 母联过流解列保护采用定值 I，时间 0.3s	
42	瓯海运维班	天柱变：合上 220kV #2 母联开关（第三次冲击）	
43	瓯海运维班	天柱变：许可柱科 4P13 线、柱技 4P14 线开关校同期，并汇报正确	
44	永强运维班	科技变：许可 220kV 正母、副母压变同电源核相，并汇报正确	
45	永强运维班	科技变：许可 220kV 母联开关、柱科 4P13 线开关校同期，并汇报正确	
46	永强运维班	科技变：柱技 4P14 线由正母热备用改副母热备用	
47	永强运维班	科技变：220kV 母联开关由运行改热备用	220kV 副母线失电
48	永强运维班	科技变：柱技 4P14 线由副母热备用改副母运行	对 220kV 副母线充电
49	永强运维班	科技变：许可 220kV 正母、副母压变不同电源核相并汇报正确	
50	永强运维班	科技变：许可柱技 4P14 线开关校同期，并汇报正确	
51	永强运维班	科技变：220kV 母联开关由热备用改运行（合环）	用上同期

续表

序号	单位	操作内容	备注
52	永强运维班	科技变：柱科 4P13 线由正母运行改副母运行	
53	永强运维班	科技变：柱科 4P13 线第一套、第二套纵联保护由跳闸改信号	
54	永强运维班	科技变：柱技 4P14 线第一套、第二套纵联保护由跳闸改信号	
55	瓯海运维班	天柱变：柱科 4P13 线第一套、第二套纵联保护由跳闸改信号	
56	瓯海运维班	天柱变：柱技 4P14 线第一套、第二套纵联保护由跳闸改信号	
57	永强运维班	科技变：#2 主变第一套后备保护由跳闸改信号	
58	永强运维班	科技变：许可#2 主变第一套保护带负荷试验，并汇报正确	
59	永强运维班	科技变：#2 主变第一套保护由信号改跳闸（1 区）	
60	永强运维班	科技变：#2 主变第二套后备保护由跳闸改信号	
61	永强运维班	科技变：许可#2 主变第二套保护带负荷试验，并汇报正确	
62	永强运维班	科技变：#2 主变第二套保护由信号改跳闸（1 区）	
63	永强运维班	科技变：#2 主变 220kV 开关由正母运行改副母运行	
64	永强运维班	科技变：柱技 4P14 线由副母运行改副母热备用（解环）	
65	永强运维班	科技变：柱科 4P13 线第一套微机保护由跳闸改信号	
66	瓯海运维班	天柱变：柱科 4P13 线第一套微机保护由跳闸改信号	
67	永强运维班	科技变：许可柱科 4P13 线第一套线路保护带负荷试验，并汇报正确	
68	瓯海运维班	天柱变：许可柱科 4P13 线第一套线路保护带负荷试验，并汇报正确	
69	永强运维班	科技变：柱科 4P13 线第一套微机保护由信号改跳闸（1 区）	
70	瓯海运维班	天柱变：柱科 4P13 线第一套微机保护由信号改跳闸（2 区）	
71	永强运维班	科技变：柱科 4P13 线第二套微机保护由跳闸改信号	
72	瓯海运维班	天柱变：柱科 4P13 线第二套微机保护由跳闸改信号	
73	永强运维班	科技变：许可柱科 4P13 线第二套线路保护带负荷试验，并汇报正确	
74	瓯海运维班	天柱变：许可柱科 4P13 线第二套线路保护带负荷试验，并汇报正确	
75	永强运维班	科技变：柱科 4P13 线第二套微机保护由信号改跳闸（1 区）	
76	瓯海运维班	天柱变：柱科 4P13 线第二套微机保护由信号改跳闸（2 区）	
77	永强运维班	科技变：许可柱科 4P13 线纵联保护通道测试，并汇报正确	
78	瓯海运维班	天柱变：许可柱科 4P13 线纵联保护通道测试，并汇报正确	
79	永强运维班	科技变：柱科 4P13 线第一套、第二套纵联保护及重合闸由信号改跳闸	

续表

序号	单位	操　作　内　容	备注
80	瓯海运维班	天柱变：柱科 4P13 线第一套、第二套纵联保护及重合闸由信号改跳闸	
81	永强运维班	科技变：许可 220kV 第一套、第二套母差保护第一次带负荷试验，并汇报正确	结束后 220kV 母差保护保持信号
82	瓯海运维班	天柱变：许可 220kV Ⅱ段第一套、第二套母差保护第一次带负荷试验，并汇报正确	结束后 220kV Ⅱ段母差保护保持信号
83	永强运维班	科技变：柱技 4P14 线由副母热备用改副母运行（合环）	用上同期
84	永强运维班	科技变：柱科 4P13 线由副母运行改副母热备用（解环）	
85	永强运维班	科技变：柱技 4P14 线第一套微机保护由跳闸改信号	
86	瓯海运维班	天柱变：柱技 4P14 线第一套微机保护由跳闸改信号	
87	永强运维班	科技变：许可柱技 4P14 线第一套线路保护带负荷试验，并汇报正确	
88	瓯海运维班	天柱变：许可柱技 4P14 线第一套线路保护带负荷试验，并汇报正确	
89	永强运维班	科技变：柱技 4P14 线第一套微机保护由信号改跳闸（1 区）	
90	瓯海运维班	天柱变：柱技 4P14 线第一套微机保护由信号改跳闸（2 区）	
91	永强运维班	科技变：柱技 4P14 线第二套微机保护由跳闸改信号	
92	瓯海运维班	天柱变：柱技 4P14 线第二套微机保护由跳闸改信号	
93	永强运维班	科技变：许可柱技 4P14 线第二套线路保护带负荷试验，并汇报正确	
94	瓯海运维班	天柱变：许可柱技 4P14 线第二套线路保护带负荷试验，并汇报正确	
95	永强运维班	科技变：柱技 4P14 线第二套微机保护由信号改跳闸（1 区）	
96	瓯海运维班	天柱变：柱技 4P14 线第二套微机保护由信号改跳闸（2 区）	
97	永强运维班	科技变：许可柱技 4P14 线纵联保护通道测试，并汇报正确	
98	瓯海运维班	天柱变：许可柱技 4P14 线纵联保护通道测试，并汇报正确	
99	永强运维班	科技变：柱技 4P14 线第一套、第二套纵联保护及重合闸由信号改跳闸	
100	瓯海运维班	天柱变：柱技 4P14 线第一套、第二套纵联保护及重合闸由信号改跳闸	
101	永强运维班	科技变：许可 220kV 第一套、第二套母差保护第二次带负荷试验，并汇报正确	结束后 220kV 母差保护保持信号
102	瓯海运维班	天柱变：许可 220kVⅡ段第一套、第二套母差保护第二次带负荷试验，并汇报正确	结束后 220kV Ⅱ段母差保护保持信号
103	永强运维班	科技变：柱科 4P13 线由副母热备用改副母运行（合环）	用上同期
104	永强运维班	科技变：#1 主变 10kV 开关由热备用改运行（并列）	
105	永强运维班	科技变：#2 主变 10kV 开关由运行改热备用（解列）	

续表

序号	单位	操 作 内 容	备注
106	永强运维班	科技变：#1 主变第一套后备保护由跳闸改信号	
107	永强运维班	科技变：许可#1 主变第一套保护带负荷试验，并汇报正确	
108	永强运维班	科技变：#1 主变第一套保护由信号改跳闸（1 区）	
109	永强运维班	科技变：#1 主变第二套后备保护由跳闸改信号	
110	永强运维班	科技变：许可#1 主变第二套保护带负荷试验，并汇报正确	
111	永强运维班	科技变：#1 主变第二套保护由信号改跳闸（1 区）	
112	永强运维班	科技变：许可 220kV 第一套、第二套母差保护第三次带负荷试验，并汇报正确	
113	永强运维班	科技变：220kV 第一套、第二套母差保护由信号改跳闸	
114	瓯海运维班	天柱变：柱技 4P14 线第一套、第二套线路保护由 2 区切至 1 区	
115	瓯海运维班	天柱变：柱科 4P13 线第一套、第二套线路保护由 2 区切至 1 区	
116	永强运维班	科技变：220kV 第一套、第二套母联过流解列保护由跳闸改信号	
117	永强运维班	科技变：许可 220kV 第一套、第二套母联过流解列保护带负荷试验，并汇报正确	保持信号状态
118	永强运维班	科技变：柱科 4P13 线由副母运行改正母运行	
119	永强运维班	科技变：#2 主变 10kV 开关由热备用改运行（并列）	
120	温州配调	科技变：许可 10kV 母分开关改热备用（解列）	
121	永强运维班	科技变：汇报 10kV 备自投安装调试完毕，验收合格，具备投运条件	
122	永强运维班	科技变：许可 10kV 备自投带负荷试验，并汇报正确	
123	永强运维班	科技变：10kV 备自投由信号改跳闸	
124	永强运维班	科技变：拉开#1 主变 220kV、110kV 中性点接地闸刀	
125	永强运维班	科技变：#1、#2 主变压力释放阀由跳闸改信号	
126	瓯海运维班	天柱变：柱科 4P13 线由正母Ⅱ段运行改正母Ⅱ段热备用（解环）	
127	瓯海运维班	天柱变：柱科 4P13 线由正母Ⅱ段热备用改正母Ⅱ段运行（合环）	用上同期
128	瓯海运维班	天柱变：柱技 4P14 线由正母Ⅱ段运行改正母Ⅱ段热备用（解环）	
129	瓯海运维班	天柱变：柱技 4P14 线由正母Ⅱ段热备用改正母Ⅱ段运行（合环）	用上同期
130	浙江省调	省调：汇报天柱变 220kV Ⅱ段第一、二套母差保护带负荷试验已结束，极性校验正确，可以投跳，现将天柱变 220kV 正母Ⅱ段运行（带柱科 4P13 线、柱技 4P14 线）、220kV #2 母联开关运行（母联过流解列保护跳闸），220kV Ⅱ段第一、二套母差保护信号状态还省调，对天柱变 220kV 方式无要求	
131	温州配调	科技变：带负荷试验已全部结束，对 10kV 负荷已无要求	退出电容器，根据 10kV 母线电压调节主变分接头
132	输电运检室	输电：科技输变电工程新设备 24h 试运行开始	

续表

序号	单位	操 作 内 容	备注
133	浙江省调	省调：汇报科技输变电工程启动全部结束，24h 试运行开始，现科技变 220kV 运行方式已恢复正常	
134	输电运检室	输电：汇报科技输变电工程新设备 24h 试运行结束，并正常	
135	浙江省调	省调：汇报科技输变电工程相关新设备 24h 试运行结束，情况正常	

（2）主变启动操作指令（例如永强变#2 主变启动）见表 1-12。

表 1-12　　主变启动操作指令（例如永强变#2 主变启动）

序号	单位	操 作 内 容	备注
1	永强运维班	永强变：汇报#2 主变拆除、主变 35kV 中性点消弧线圈拆除及运输，土建主变基础施工，新#2 主变安装及调试、保护及测控装置更换，定值整定，电缆施放，二次接线，回路调试，封堵工作已结束（WZDD202004005 号）	
2	永强运维班	永强变：汇报#2 主变安装调试完毕，验收合格，具备投运条件，现处主变及三侧开关检修	
3	永强运维班	永强变：汇报#2 主变第一套、第二套主变保护执行 WZDD 20200067、WZDD20200068 号定单，#1、#2 主变故障录波器执行 WZDD20200069 号定单，#2 主变瓦斯保护执行 WZDD20200071 号定单，#2 主变非电量保护执行 WZDD20200070 号定单，并核对正确	
4	永强运维班	永强变：检查#2 主变第一套、第二套主变保护（3 区）、瓦斯保护、主变压力释放阀处跳闸位置，#2 主变 220kV 侧电压分接头放在第Ⅶ档（235.75kV）	
5	永强运维班	永强变：#2 主变 220kV 开关由开关检修改冷备用	
6	永强运维班	永强变：#2 主变 110kV 开关由开关检修改冷备用	
7	永强运维班	永强变：#2 主变 35kV 开关由开关检修改冷备用	
8	永强运维班	永强变：#2 主变由主变检修改冷备用	
9	永强运维班	永强变：合上#2 主变 220kV 中性点接地闸刀	
10	永强运维班	永强变：合上#2 主变 110kV 中性点接地闸刀	
11	永强运维班	永强变：汇报防全停组织管理措施已落实	
12	浙江省调	省调：汇报永强变#2 主变工作全部结束，申请空出永强变 220kV 副母线配合#2 主变复役启动	
13	浙江省调	省调：现将永强变 220kV 副母线空出状态、母联开关运行状态、母联开关过流解列保护投入状态（时间 0.3s）借你调，由你调负责启动#2 主变	
14	永强运维班	永强变：#2 主变 220kV 开关由冷备用改副母热备用	
15	永强运维班	永强变：#2 主变 220kV 开关由副母热备用改副母运行（对#2 主变冲击五次，首次合闸 10min，其余四次每次合闸 5min，间隔 3min，第五次冲击完毕后#2 主变 220kV 开关保持合闸）	
16	永强运维班	永强变：汇报#2 主变冲击五次完毕，现#2 主变 220kV 开关处副母运行	

续表

序号	单位	操 作 内 容	备注
17	地调监控	扶贫变：110kV 桥开关由热备用改运行（合环）	
18	地调监控	扶贫变：强贫兰 1974 线由运行改热备用（解环）	
19	永强运维班	永强变：110kV 母联开关由热备用改运行（并列）	
20	永强运维班	永强变：拉开#1 主变 110kV 中性点接地闸刀	
21	永强运维班	永强变：#3 主变 110kV 开关由正母运行改副母运行	
22	永强运维班	永强变：永甲 1965 线由正母运行改副母运行	
23	地调监控	龙新变：110kV 桥开关由热备用改运行（合环）	
24	地调监控	龙新变：强新 1977 线由运行改热备用（解环）	
25	地调监控	衙城变：110kV 桥开关由热备用改运行（合环）	
26	地调监控	衙城变：永衙 1971 线由运行改热备用（解环）	
27	地调监控	上璜变：35kV 桥开关由热备用改运行（合环）	
28	地调监控	上璜变：强上 3887 线由运行改热备用（解环）	
29	地调监控	永强变：强上 3887 线由运行改热备用	
30	永强运维班	永强变：许可#2 所用电停役	
31	地调监控	永强变：检查#2 电容器、#4 电容器、#2 电抗器处热备用	
32	地调监控	永强变：永衙 1971 线由正母运行改正母热备用	
33	地调监控	永强变：强新 1977 线由正母运行改正母热备用	
34	地调监控	永强变：强贫兰 1974 线由正母运行改正母热备用	
35	永强运维班	永强变：检查 110kV 正母线无运行间隔	
36	永强运维班	永强变：110kV 母联开关由运行改热备用（分列）	
37	永强运维班	永强变：#2 主变 110kV 开关由冷备用改正母运行	
38	直调电厂	永强垃圾电厂：许可 35kV 母分开关改运行（合环）	
39	直调电厂	永强垃圾电厂：强电 3885 线由运行改热备用（解环）	
40	地调监控	永强变：强电 3885 线由运行改热备用	
41	永强运维班	永强变：35kV 母分开关由运行改热备用	
42	永强运维班	永强变：#2 主变 35kV 开关由冷备用改运行	
43	永强运维班	永强变：许可 220kV 副母线、110kV 正母线、35kV Ⅱ段母线压变相互核相，并汇报正确	
44	永强运维班	永强变：#2 主变第一套、第二套差动保护由跳闸改信号	
45	地调监控	永强变：强电 3885 线由热备用改运行（充电）	
46	直调电厂	永强垃圾电厂：强电 3885 线由热备用改运行（合环）	
47	直调电厂	永强垃圾电厂：许可 35kV 母分开关改热备用（解环）	
48	地调监控	永强变：永衙 1971 线由正母热备用改正母运行（充电）	
49	地调监控	永强变：强新 1977 线由正母热备用改正母运行（充电）	
50	地调监控	永强变：强贫兰 1974 线由正母热备用改正母运行（充电）	

续表

序号	单位	操 作 内 容	备注
51	地调监控	永强变：强上 3887 线由热备用改运行（充电）	
52	地调监控	扶贫变：强贫兰 1974 线由热备用改运行（合环）	
53	地调监控	扶贫变：110kV 桥开关由运行改热备用（解环）	
54	地调监控	龙新变：强新 1977 线由热备用改运行（合环）	
55	地调监控	龙新变：110kV 桥开关由运行改热备用（解环）	
56	地调监控	衙城变：永衙 1971 线由热备用改运行（合环）	
57	地调监控	衙城变：110kV 桥开关由运行改热备用（解环）	
58	地调监控	上璜变：强上 3887 线由热备用改运行（合环）	
59	地调监控	上璜变：35kV 桥开关由运行改热备用（解环）	
60	永强运维班	永强变：#2 主变第一套后备保护由跳闸改信号	
61	永强运维班	永强变：许可#2 主变第一套保护带负荷试验，并汇报正确	
62	永强运维班	永强变：#2 主变第一套保护由信号改跳闸（1 区）	
63	永强运维班	永强变：#2 主变第二套后备保护由跳闸改信号	
64	永强运维班	永强变：许可#2 主变第二套保护带负荷试验，并汇报正确	
65	永强运维班	永强变：#2 主变第二套保护由信号改跳闸（1 区）	
66	永强运维班	永强变：#2 主变压力释放阀由跳闸改信号	
67	永强运维班	永强变：拉开#2 主变 220kV 中性点接地闸刀	
68	浙江省调	省调：汇报永强变#2 主变启动完毕，现接 220kV 副母运行，将永强变 220kV 副母线带#2 主变运行状态、母联开关运行状态、母联开关过流解列保护投入状态（时间 0.3s）还省调	
69	浙江省调	省调：永强变 220kV 系统恢复正常接线方式，永强变防全停组织管理措施可取消	
70	永强运维班	永强变：110kV 母联开关由热备用改运行（并列）	
71	永强运维班	永强变：永甲 1965 线由副母运行改正母运行	
72	永强运维班	永强变：检查#2 主变 110kV 中性点接地闸刀处合闸	
73	永强运维班	永强变：110kV 母联开关由运行改热备用（分列）	
74	永强运维班	永强变：许可#2 所用变复役	
75	永强运维班	永强变：防全停组织管理措施可取消	
76	地调监控	永强变：#2 电容器、#4 电容器、#2 电抗器可恢复正常投切	

第二节 二次设备运行操作

二次设备运行操作一般规定与要求如下：

（1）任何电力设备都不允许无保护运行。

（2）不允许有任两条相邻线路的纵联保护同时退出，尽量避免相邻变电站的母差保护同时退出。

（3）对保护双重化配置的220kV线路、变压器、母线，当有一套完整的保护（主、后备）正常投跳时，允许另一套保护短时退出运行，其他保护方式不做调整。

一、线路纵联保护

（1）线路纵联保护的停、复役操作，由地调值班调度员发布操作指令完成，正常情况下不采用操作许可方式。

（2）220kV纵联保护按通道类型可分为高频保护和光纤保护，高频保护复役之前两侧需检查确认通道正常。

（3）正常运行时，线路纵联保护一般应两侧状态对应，同时投跳或停用。

（4）当220kV环网线路两套纵联保护全停时，线路应陪停。对线路停役直接引起负荷损失的220kV送终端线路，若双纵联保护全停时间不超过4h，可按稳定及保护配合要求将本线两侧保护灵敏段时限改为0.5s跳闸后运行，此时相邻线路保护定值与其失配，若该线路发生故障，可能导致相邻线路越级跳闸。

线路纵联保护操作指令见表1-13。

表1-13　　线路纵联保护操作指令

序号	单位	操作内容	备注
XY2001线第一套纵联保护停役			
1	X变运维班	X变：XY2001线第一套纵联保护由跳闸改信号	第二套纵联必投
2	Y变运维班	Y变：XY2001线第一套纵联保护由跳闸改信号	第二套纵联必投
XY2001线第一套纵联保护复役			
1	X变运维班	X变：XY2001线第一套纵联保护由信号改跳闸	高频保护需检查通道正常后复役
2	Y变运维班	Y变：XY2001线第一套纵联保护由信号改跳闸	高频保护需检查通道正常后复役

二、线路微机保护

（1）线路微机保护停役时，地调仅操作发令到信号状态，厂站值班人员根据需要自行调整微机保护停役状态（信号或停用）。线路微机保护复役操作前，厂站值班人员自行调整微机保护信号状态，由地调操作发令可恢复到跳闸状态。

（2）整套线路微机保护包括线路重合闸的，该线路微机保护的停役操作应包括停用线路重合闸，复役操作应包括用上线路重合闸。线路重合闸与线路微机保护独立的，线路微机保护的停、复役操作不应包括线路重合闸的投、退。温州地区220kV线路的微机保护与线路重合闸基本是独立投退，按照运行要求分别进行投切。

（3）线路某一套微机保护停役前，需地调发令操作将线路两侧对应的该套纵联保护改为信号状态。

线路微机保护操作指令见表 1-14。

表 1-14　　线路微机保护操作指令

序号	单位	操 作 内 容	备注
X 变 XY2001 线第一套微机保护停役			
1	X 变运维班	X 变：XY2001 线第一套纵联保护由跳闸改信号	第二套纵联必投
2	Y 变运维班	Y 变：XY2001 线第一套纵联保护由跳闸改信号	第二套纵联必投
3	X 变运维班	X 变：XY2001 线第一套微机保护由跳闸改信号	
X 变 XY2001 线第一套微机保护复役			
1	X 变运维班	X 变：XY2001 线第一套微机保护由信号改跳闸	
2	X 变运维班	X 变：XY2001 线第一套纵联保护由信号改跳闸	
3	Y 变运维班	Y 变：XY2001 线第一套纵联保护由信号改跳闸	

三、母差保护

（1）当 220kV 母差保护全停时间不超过 4h，系统保护可不改定值，对重要厂站应根据需要投入相应的 220kV 母联（母分）过流解列保护，一般应带 0.3s 时限并要求控制负荷电流；超过 4h，根据系统稳定要求，还应将母线上线路对侧保护灵敏段时限改为 0.5s 跳闸。

（2）220kV 母线配置两套母差保护的变电站，正常运行时，两套母差保护全部投入，需要时两套母差保护可分别单独投退。

（3）对正常主接线为双母双分段的厂站，220kV Ⅰ、Ⅱ段母线上配置的同型号独立母差保护，当需缺陷处理或检修试验时，Ⅰ、Ⅱ段母差保护应作为整套母差保护考虑同时退出。若正常 220kV 正、副母分段开关均拉开运行，则Ⅰ、Ⅱ段母差保护可分段退出。

母差保护操作指令如下：

（1）220kV 母线一套母差保护操作指令见表 1-15。

表 1-15　　220kV 母线一套母差保护操作指令

序号	单位	操 作 内 容	备注
X 变 220kV 第一套母差保护停役			
1	X 变运维班	X 变：220kV 第一套母差保护由跳闸改信号	
X 变 220kV 第一套母差保护复役			
1	X 变运维班	X 变：220kV 第一套母差保护由信号改跳闸	

（2）220kV 母线两套母差保护操作指令（XY2001 线、YX2002 线为终端线路）见表1-16。

表 1-16 220kV 母线两套母差保护操作指令（XY2001 线、YX2002 线为终端线路）

序号	单位	操 作 内 容	备注
X 变 220kV 母差保护全部停役			
1	省调	省调：申请 X 变 220kV 母差保护停役	
2	X 变运维班	X 变：220kV 母联过流解列保护由信号改跳闸（采用定值 I，时间 0.3s）	
3	Y 变运维班	Y 变：XY2001 线距离保护灵敏段时限由正常时限改为 0.5s	
4	Y 变运维班	Y 变：YX2002 线距离保护灵敏段时限由正常时限改为 0.5s	
5	X 变运维班	X 变：220kV 第一套母差保护由跳闸改信号	
6	X 变运维班	X 变：220kV 第二套母差保护由跳闸改信号	
7	省调	省调：汇报 X 变 220kV 母差保护已停役	
X 变 220kV 母差保护全部复役			
1	省调	省调：申请 X 变 220kV 母差保护复役	
2	X 变运维班	X 变：220kV 第一套母差保护由信号改跳闸	
3	X 变运维班	X 变：220kV 第二套母差保护由信号改跳闸	
4	Y 变运维班	Y 变：YX2002 线距离保护灵敏段时限由 0.5s 改为正常时限	
5	Y 变运维班	Y 变：XY2001 线距离保护灵敏段时限由 0.5s 改为正常时限	
6	X 变运维班	X 变：220kV 母联过流解列保护由跳闸改信号（定值时间恢复正常）	
7	省调	省调：汇报 X 变 220kV 母差保护已复役	

四、母联过流解列保护（母分过流解列保护）

（1）220kV 母联（母分）充电解列保护具备充电保护功能和过流解列保护功能。正常运行时，充电保护和过流解列保护应在信号状态。

（2）当母联（母分）开关与相邻元件串接作为相邻元件后备保护时，投入母联（母分）过流解列保护，一般带 0.3s 时限跳闸，并控制对应母联（母分）开关上负荷电流。

（3）当采用 220kV 母联（母分）开关向母线设备冲击时，应投入母联（母分）开关过流解列保护，时间 0s 跳闸。

（4）当用母联（母分）开关向母线充电合闸时，应采用充电按钮或充电保护压板短时投入母联（母分）充电保护，充电结束后必须退出母联（母分）充电保护。此方式应写入现场典型操作票中，地调不单独发令操作。

母联过流解列保护（母分过流解列保护）操作指令见表 1-17。

表 1-17　　母联过流解列保护（母分过流解列保护）操作指令

序号	单位	操作内容	备注
X 变 220kV 母联过流解列保护投入			
1	X 变运维班	X 变：220kV 母联（母分）过流解列保护由信号改跳闸（采用定值Ⅰ，时间 0.3s）	或（采用定值Ⅱ，时间 0s）
X 变 220kV 母联过流解列保护退出			
1	X 变运维班	X 变：220kV 母联（母分）过流解列保护由跳闸改信号（定值时间恢复正常）	

五、重合闸

（1）温州电网 220kV 运行线路一般情况下两侧重合闸均投单重方式。

（2）整套线路微机保护包括线路重合闸的，该线路微机保护的停役操作应包括停用线路重合闸，复役操作应包括用上线路重合闸。线路重合闸与线路微机保护独立的，线路微机保护的停、复役操作不应包括线路重合闸的投、退。

（3）国家电网典型配置的线路微机保护，两套均包括线路重合闸，重合闸投、退操作时现场应两套同时进行，一般不对单套重合闸发令投、退。

重合闸操作指令见表 1-18。

表 1-18　　重合闸操作指令

序号	单位	操作内容	备注
X 变 XY2001 线重合闸投入			
1	X 变运维班	X 变：XY2001 线重合闸由信号改跳闸	
X 变 XY2001 线重合闸退出			
1	X 变运维班	X 变：XY2001 线重合闸由跳闸改信号	

六、断路器保护

断路器保护包含失灵保护、重合闸等功能，当线路断路器失灵保护全停时间超过 24h，要求线路陪停。

断路器保护操作指令见表 1-19。

表 1-19　　断路器保护操作指令

序号	单位	操作内容	备注
X 变 XY2001 线断路器保护投入			
1	X 变运维班	X 变：XY2001 线断路器保护由信号改跳闸	
X 变 XY2001 线断路器保护退出			
1	X 变运维班	X 变：XY2001 线断路器保护由跳闸改信号	

七、主变保护/自动装置

（1）220kV 主变均配置双重化的主、后备保护一体变压器电气量保护和一套非电量保护，主保护配置纵差保护，后备保护分别配置高压侧、中压侧、低压侧后备保护，非电量保护有瓦斯保护、主变压力释放阀等非电量的保护。

（2）220kV 主变配置的自动装置有主变压器过载联切负荷装置，一般配置在有三台主变的重载变电站，目前温州电网 220kV 变电站配置主变过载联切负荷装置的有洋湾变、场桥变、珠山变、楠江变、永强变。

主变保护/自动装置操作指令如下：

（1）主变保护操作指令见表 1-20。

表 1-20　　主变保护操作指令

序号	单位	操　作　内　容	备注
X 变#1 主变第一套差动保护投入			
1	X 变运维班	X 变：#1 主变第一套差动保护由信号改跳闸	
X 变#1 主变第一套差动保护退出			
1	X 变运维班	X 变：#1 主变第一套差动保护由跳闸改信号	
X 变#1 主变第一套后备保护投入			
1	X 变运维班	X 变：#1 主变第一套后备保护由信号改跳闸	
X 变#1 主变第一套后备保护退出			
1	X 变运维班	X 变：#1 主变第一套后备保护由跳闸改信号	
X 变#1 主变本体重瓦斯保护投入			
1	X 变运维班	X 变：#1 主变本体重瓦斯保护由信号改跳闸	
X 变#1 主变本体重瓦斯保护退出			
1	X 变运维班	X 变：#1 主变本体重瓦斯保护由跳闸改信号	
X 变#1 主变压力释放阀投入			
1	X 变运维班	X 变：#1 主变压力释放阀由信号改跳闸	
X 变#1 主变压力释放阀退出			
1	X 变运维班	X 变：#1 主变压力释放阀由跳闸改信号	

（2）主变自动装置操作指令见表 1-21。

表 1-21　　主变自动装置操作指令

序号	单位	操　作　内　容	备注
X 变主变过载联切负荷装置投入			
1	X 变运维班	X 变：主变过载联切负荷装置由信号改跳闸	

续表

序号	单位	操 作 内 容	备注
X 变主变过载联切负荷装置退出			
1	X 变运维班	X 变：主变过载联切负荷装置由跳闸改信号	
X 变主变过载联切负荷装置跳 XY1001 线压板投入			
1	X 变运维班	X 变：投入主变过载联切负荷装置跳 XY1001 线压板	
X 变主变过载联切负荷装置跳 XY1001 线压板退出			
1	X 变运维班	X 变：停用主变过载联切负荷装置跳 XY1001 线压板	

第二章　110kV 操作指令典型任务票

本章主要介绍温州地区境内所有 110kV 设备的典型操作任务票。由于县域 110kV 变电站下放，在调度指令上和市区 110kV 变电站有所区别，以及 110kV 的用户变情况也有所不同，因此本章内容均以温州地调本地 110kV 变电站为主体，县域 110kV 变电站的操作也可参照温州地调的发令方式。

第一节　一次设备运行操作

一、110kV 线路停/复役操作

（1）110kV 线路的停、复役操作，由地调值班调度员发布操作指令完成线路的停、复役及相关保护调整操作，县域的内桥接线 110kV 变电站，地调发布操作许可令。

（2）线路的停役操作，一般情况下，先停役受电侧开关，再停役送电侧开关；线路改检修的停役操作，需将线路各侧均改冷备用后，再逐一将线路各侧改检修。

（3）线路的复役操作，一般情况下，先恢复送电侧开关，再恢复受电侧开关；线路改检修的复役操作，需将线路各侧均改冷备用后，再从送电侧开始逐一对线路各侧恢复送电。

（4）合环操作时，应满足相位相同或偏差尽量小的条件。操作前应考虑合环点两侧的相角差和电压差，电压相角差一般不超过 20°，电压差一般允许在 20%以内，确保合环后各环节潮流的变化不超过继电保护、电网稳定和设备容量等方面的限额。对比较复杂的环网的合环操作，应事先进行计算或校验。有同期并列装置的开关在正常或事故处理时均应使用“同期”方式进行操作，不允许自行解除同期闭锁装置。

（5）解环操作前，应检查解环点的有功、无功潮流，确保解环后各部分电压在规定数值内，各环节的潮流变化不超过继电保护、安全自动装置、系统稳定和设备容量等方面的限额。

（6）需经 110kV 合解环操作的转供线路停复役，如属同一供区（220kV 同一系统），合环时环内各线路开关装设的线路保护均应投入，解环后作为进线的开关保护及重合闸停用；如属不同供区（220kV 非同一系统），则除上述要求外，合环时应投入一套装设在环内线路开关上的过流解列保护，且合环点应选取具有同期并列装置的开关一侧，进行同期合

环操作，解环点一般选择在线路受电侧，解环后先前投入的线路过流解列保护应及时停用。

（7）雷季期间不满足雷季运行方式的线路停役，一般不论是否有工作安措要求，该线路不允许带电开口的一侧需改线路检修。事故处理时视实际情况而定。

（8）对于线变组接线方式的线路停役，需先将主变停役，再进行线路停役；复役时顺序则相反；对于县域内的线变组接线的变电站，由地调发许可令先将主变停役，再进行线路停役。

操作指令如下：

（1）备用线路停/复役。如图 2-1 所示，XY1001 线为备用电源线路，若 X 变、Y 变均为地调管辖，则备用线路停/复役操作指令见表 2-1；若 X 变为地调管辖，Y 变为县域内桥接线变电站，则备用线路停/复役操作指令见表 2-2。

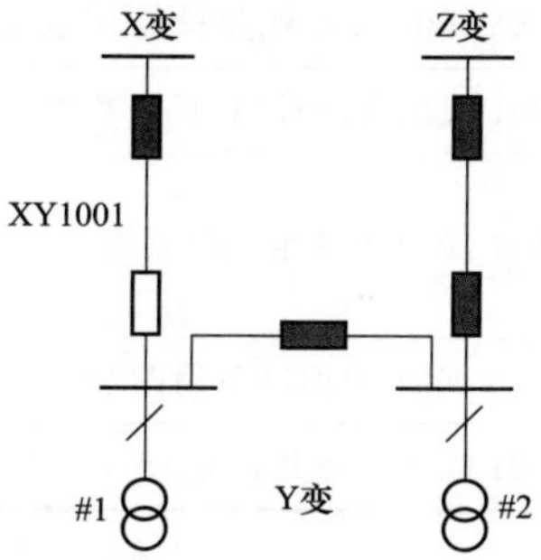

图 2-1　备用线路示意

表 2-1　　备用线路停/复役操作指令（X 变、Y 变均为地调管辖）

序号	单位	操　作　内　容	备注
XY1001 线停役操作			
1	A 调监控	X 变：XY1001 线由运行改热备用	
2	Y 变运维班	Y 变：XY1001 线由热备用改冷备用	
3	X 变运维班	X 变：XY1001 线由热备用改冷备用	非遥控操作可改为：XY1001 线由运行改冷备用
4	X 变运维班	X 变：XY1001 线由冷备用改线路检修/开关及线路检修	
5	Y 变运维班	Y 变：XY1001 线由冷备用改线路检修/开关及线路检修	
XY1001 线复役操作			
1	Y 变运维班	Y 变：XY1001 线由线路检修/开关及线路检修改冷备用	
2	X 变运维班	X 变：XY1001 线由线路检修/开关及线路检修改冷备用	
3	X 变运维班	X 变：XY1001 线由冷备用改热备用	非遥控操作可改为：XY1001 线由冷备用改运行（充电）
4	Y 变运维班	Y 变：XY1001 线由冷备用改热备用	
5	A 调监控	X 变：XY1001 线由热备用改运行（充电）	

表 2-2　备用线路停/复役操作指令（X 变为地调管辖，Y 变为县域内桥接线变电站）

序号	单位	操　作　内　容	备注
XY1001 线停役操作			
1	A 调监控	X 变：XY1001 线由运行改热备用	
2	B 县县调	Y 变：许可 XY1001 线由热备用改冷备用	
3	X 变运维班	X 变：XY1001 线由热备用改冷备用	非遥控操作可改为：XY1001 线由运行改冷备用
4	X 变运维班	X 变：XY1001 线由冷备用改线路检修/开关及线路检修	
5	B 县县调	Y 变：许可 XY1001 线由冷备用改线路检修/开关及线路检修	
XY1001 线复役操作			
1	B 县县调	Y 变：许可 XY1001 线由线路检修/开关及线路检修改冷备用	
2	X 变运维班	X 变：XY1001 线由线路检修/开关及线路检修改冷备用	
3	X 变运维班	X 变：XY1001 线由冷备用改热备用	非遥控操作可改为：XY1001 线由冷备用改运行（充电）
4	B 县县调	Y 变：许可 XY1001 线由冷备用改热备用	
5	A 调监控	X 变：XY1001 线由热备用改运行（充电）	

（2）主供线路停/复役。如图 2-2 所示，XY1001 线为主供线路，若 X 变、Y 变、Z 变均为地调管辖，则主供线路停/复役操作指令见表 2-3；若 X 变、Z 变为地调管辖，Y 变为县调管辖的内桥接线变电站，则主供线路停/复役操作指令见表 2-4。

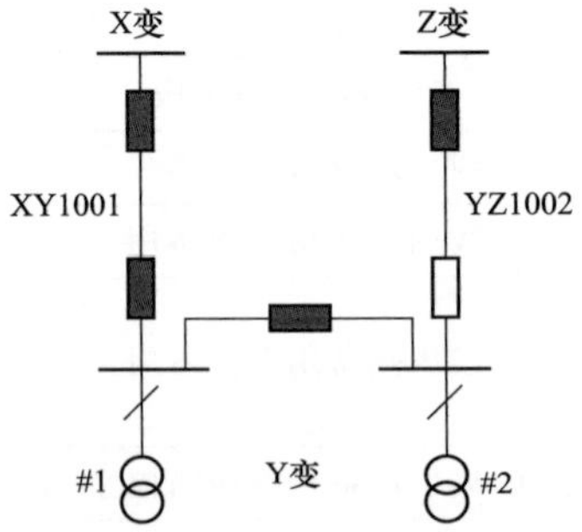

图 2-2　主供线路示意

表 2-3　　主供线路停/复役操作指令（X 变、Y 变、Z 变均为地调管辖）

序号	单位	操　作　内　容	备注
XY1001 线停役操作			
1	A 调监控	Y 变：YZ1002 线由热备用改运行（合环）	
2	A 调监控	Y 变：XY1001 线由运行改热备用（解环）	

续表

序号	单位	操 作 内 容	备注
3	A 调监控	X 变：XY1001 线由运行改热备用	
4	X 变运维班	X 变：XY1001 线由热备用改冷备用	非遥控操作可改为：XY1001 线由运行改冷备用
5	Y 变运维班	Y 变：XY1001 线由热备用改冷备用	
6	X 变运维班	X 变：XY1001 线由冷备用改线路检修/开关及线路检修	
7	Y 变运维班	Y 变：XY1001 线由冷备用改线路检修/开关及线路检修	
XY1001 线复役操作			
1	Y 变运维班	Y 变：XY1001 线由线路检修/开关及线路检修改冷备用	
2	X 变运维班	X 变：XY1001 线由线路检修/开关及线路检修改冷备用	
3	X 变运维班	X 变：XY1001 线由冷备用改热备用	非遥控操作可改为：XY1001 线由冷备用改运行（充电）
4	Y 变运维班	Y 变：XY1001 线由冷备用改热备用	
5	A 调监控	X 变：XY1001 线由热备用改运行（充电）	
6	A 调监控	Y 变：XY1001 线由热备用改运行（合环）	
7	A 调监控	Y 变：YZ1002 线由运行改热备用（解环）	

表 2-4　　主供线路停/复役操作指令

（X 变、Z 变为地调管辖，Y 变为县调管辖的内桥接线变电站）

序号	单位	操 作 内 容	备注
XY1001 线停役操作			
1	B 县县调	Y 变：许可由 XY1001 线一线带两变运行改 YZ1002 线一线带两变运行	综合令
2	A 调监控	X 变：XY1001 线由运行改热备用	
3	B 县县调	Y 变：许可 XY1001 线由热备用改冷备用	
4	X 变运维班	X 变：XY1001 线由热备用改冷备用	非遥控操作可改为：XY1001 线由运行改冷备用
5	X 变运维班	X 变：XY1001 线由冷备用改线路检修/开关及线路检修	
6	B 县县调	Y 变：许可 XY1001 线由冷备用改线路检修/开关及线路检修	
XY1001 线复役操作			
1	B 县县调	Y 变：许可 XY1001 线由线路检修/开关及线路检修改冷备用	
2	X 变运维班	X 变：XY1001 线由线路检修/开关及线路检修改冷备用	

续表

序号	单位	操作内容	备注
3	X变运维班	X变：XY1001线由冷备用改热备用	非遥控操作可改为：XY1001 线由冷备用改运行（充电）
4	B县县调	Y变：许可XY1001线由冷备用改热备用	
5	A调监控	X变：XY1001线由热备用改运行（充电）	
6	B县县调	Y变：许可由YZ1002线一线带两变运行改XY1001线一线带两变运行	综合令

二、110kV母线及母线设备停/复役

（1）非单母运行220kV变电站的110kV母线停/复役操作通常仅采用综合令操作指令方式。

（2）单母分段运行（指每段母线均有主变）的220kV变电站110kV一段母线停役，停役前需先将该母线上所有运行出线间隔对侧开关停役，再将本侧所有间隔（包括母分开关）均改冷备用，而后利用主变110kV开关对母线停电，最后将母线改检修；复役时，先将母线改冷备用，利用主变110kV开关对母线送电，而后将母线上各间隔（包括母分开关）改运行，最后恢复对侧方式。

（3）单母运行的110kV变电站110kV母线停役，先将主变停役，再利用进线开关对母线停电，最后将母线改检修；复役时，先将母线改冷备用，再利用进线开关对母线送电，最后复役主变。

（4）内桥接线的110kV变电站110kV一段母线停役，需先将主变停役，然后将进线开关和110kV桥开关改至冷备用及以上，最后将母线改检修，其中进线开关和110kV桥开关改冷备用时已包括110kV备自投改信号，调度不另行发令。复役时，先将母线改冷备用，然后将进线开关或110kV桥开关改热备用，最后通过主变复役的令将母线带电，其中当进线开关和110kV桥开关一个运行另一个热备用时，已包括了110kV备自投改跳闸，调度不另行发令。

（5）单母运行或内桥接线的110kV母线，倒空母线的操作一般不发综合令。

（6）母线在从检修状态复役时不允许发令直接改运行，应先操作到冷备用状态。对于母线开断后因工作需要不能根据调度指令从检修状态恢复到冷备用的部分，视为不在调度指令所涉设备范围内，与该部分对应的倒排操作一并作废。现场应高度重视操作风险，做好倒排操作安措，避免将运行间隔倒至仍在工作的母线段。

（7）进行母线操作时应注意对母差保护的影响、各条母线电源与负荷分布是否合理。母线检修结束复役时，尽量避免用闸刀向母线充电。

（8）对于有闸刀的母线压变，当110kV母线改检修时，母线压变由现场根据典型操

作票自行改为冷备用；当 110kV 母线恢复冷备用时，母线压变由现场自行改为运行；若母线压变有工作需改检修时，则由地调对母线压变单独发令。对于无闸刀通过引线硬连接至母线的压变，如有工作压变需改检修时，则由现场根据申请书及工作票的要求做安措。

（9）双母或单母分段接线方式的母线压变正常停役操作，通常需要压变二次并列，并列操作前提是两条母线需并列运行，如母线分列运行则由地调发令先将母线并列，再进行压变停役操作。单母线接线方式的母线压变停役需考虑对有关保护的影响，尽可能调整运行方式，无法调整时，则需停用相关保护。

（10）母线压变和避雷器共用一把闸刀时，雷季期间一般不允许停役。特殊情况下且天气晴好时允许短时停役。

（11）双母接线的母联开关停役方式有两种，一种是将母联开关直接停役，停役后母线分列运行，此种方式停役前需合理考虑运行方式；另外一种是通过母线闸刀打联通后再将母联开关停役，一般可选择主变闸刀。母联开关的停役方式需由地调在操作指令中明确。

操作指令如下：

（1）110kV 母线停/复役（母线压变无工作）。

1）110kV 母线为 220kV 变电站双母运行的 110kV 母线停/复役操作指令见表 2-5。

表 2-5　　110kV 母线停/复役操作指令（母线压变无工作）

序号	单位	操作内容	备注
X 变 110kV 正母线停役（母线冷备用）			
1	X 变运维班	X 变：110kV 正母线由运行改冷备用（包括倒排）	综合令，包含间隔倒排及母联、母分等开关操作
X 变 110kV 正母线复役			
1	X 变运维班	X 变：110kV 正母线由冷备用改运行（包括倒排）	综合令，不含倒排至开断后仍有工作的部分母线
X 变 110kV 正母线停役（母线检修）			
1	X 变运维班	X 变：110kV 正母线由运行改母线检修（包括倒排）	综合令，包含间隔倒排及母联、母分等开关操作
X 变 110kV 正母线复役			
1	X 变运维班	X 变：110kV 正母线由母线检修改冷备用	
2	X 变运维班	X 变：110kV 正母线由冷备用改运行（包括倒排）	综合令，不含倒排至开断后仍有工作的部分母线

2）110kV 变电站内桥接线的 110kV 母线停/复役。如图 2-3 所示，若 X 变、Y 变、Z

变均为地调管辖，则 110kV 母线停/复役操作指令见表 2-6；若 X 变、Z 变为地调管辖，Y 变为县调管辖，则 110kV 母线停/复役操作指令见表 2-7。

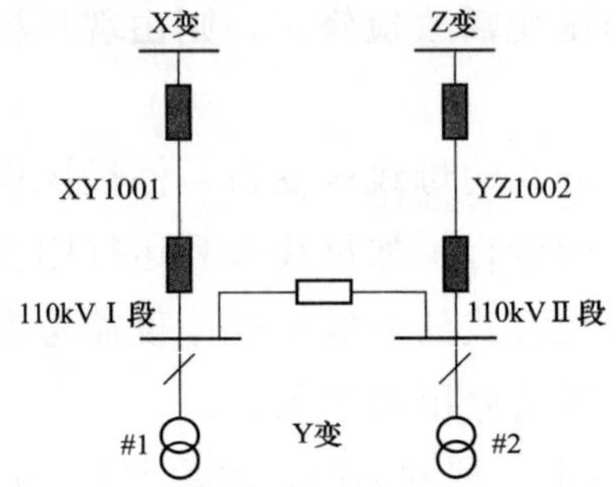

图 2-3　内桥接线 110kV 母线示意

表 2-6　110kV 母线停/复役操作指令（X 变、Y 变、Z 变均为地调管辖，母线压变无工作）

序号	单位	操作内容	备注
Y 变 110kV Ⅰ段母线停役操作			
1	Y 变运维班	Y 变：#1 主变由运行改冷备用	
2	Y 变运维班	Y 变：110kV 桥开关由热备用改冷备用	
3	Y 变运维班	Y 变：XY1001 线由热备用改冷备用	
4	Y 变运维班	Y 变：110kV Ⅰ段母线由冷备用改母线检修	
Y 变 110kV Ⅰ段母线复役操作			
1	Y 变运维班	Y 变：110kV Ⅰ段母线由母线检修改冷备用	
2	Y 变运维班	Y 变：XY1001 线由冷备用改热备用	
3	Y 变运维班	Y 变：110kV 桥开关由冷备用改热备用	
4	Y 变运维班	Y 变：#1 主变由冷备用改运行	

表 2-7　110kV 母线停/复役操作指令（X 变、Z 变为地调管辖，Y 变为县调管辖，母线压变无工作）

序号	单位	操作内容	备注
Y 变 110kV Ⅰ段母线停役操作			
1	B 县县调	Y 变：许可#1 主变停役	
2	B 县县调	Y 变：许可 110kV 桥开关由热备用改冷备用	
3	B 县县调	Y 变：许可 XY1001 线由热备用改冷备用	
4	B 县县调	Y 变：110kV Ⅰ段母线改检修由你调负责	
Y 变 110kV Ⅰ段母线复役操作			
1	B 县县调	Y 变：110kV Ⅰ段母线工作已结束，现处冷备用	
2	B 县县调	Y 变：许可 XY1001 线由冷备用改热备用	
3	B 县县调	Y 变：许可 110kV 桥开关由冷备用改热备用	
4	B 县县调	Y 变：许可#1 主变复役	

（2）110kV 母线及电压互感器停/复役。

1）110kV 母线为 220kV 变电站双母运行的 110kV 母线及压变停/复役操作指令见表 2-8。

表 2-8 110kV 母线及压变停/复役操作指令

序号	单位	操作内容	备注
X 变 110kV 正母线及压变停役（母线冷备用，压变检修）			
1	X 变运维班	X 变：110kV 正母线由运行改冷备用（包括倒排）	综合令
2	X 变运维班	X 变：110kV 正母压变由运行改压变检修	
X 变 110kV 正母线及压变复役			
1	X 变运维班	X 变：110kV 正母压变由压变检修改冷备用	
2	X 变运维班	X 变：110kV 正母线由冷备用改运行（包括倒排）	综合令
X 变 110kV 正母及压变停役（母线、压变均检修）			
1	X 变运维班	X 变：110kV 正母线由运行改母线检修（包括倒排）	综合令
2	X 变运维班	X 变：110kV 正母压变由冷备用改压变检修	
X 变 110kV 正母及压变复役			
1	X 变运维班	X 变：110kV 正母压变由压变检修改冷备用	
2	X 变运维班	X 变：110kV 正母线由母线检修改冷备用（包括压变改运行）	
3	X 变运维班	X 变：110kV 正母线由冷备用改运行（包括倒排）	综合令

2）若 110kV 母线为 110kV 变电站的 110kV 母线，停役时则应将母线相邻设备改至冷备用后，进行母线停役操作；复役则将母线改冷备用后，通过相邻设备恢复带电。110kV 母线及压变停/复役操作指令见表 2-9。

表 2-9 110kV 母线及压变停/复役操作指令

序号	单位	操作内容	备注
X 变 110kV Ⅰ段母线及压变停役			
1	X 变运维班	X 变：#1 主变由运行改冷备用	
2	X 变运维班	X 变：110kV 桥开关由热备用改冷备用	
3	X 变运维班	X 变：XY1001 线由热备用改冷备用	
4	X 变运维班	X 变：110kV Ⅰ段母线由冷备用改母线检修	
5	X 变运维班	X 变：110kV Ⅰ段母线压变由冷备用改压变检修	
X 变 110kV Ⅰ段母线及压变复役			
1	X 变运维班	X 变：110kV Ⅰ段母线压变由压变检修改冷备用	
2	X 变运维班	X 变：110kV Ⅰ段母线由母线检修改冷备用	
3	X 变运维班	X 变：XY1001 线由冷备用改热备用	
4	X 变运维班	X 变：#1 主变由冷备用改运行	
5	X 变运维班	X 变：110kV 桥开关由冷备用改热备用	

（3）110kV 母线压变停/复役操作指令见表 2-10。

表 2-10　　110kV 母线压变停/复役操作指令

序号	单位	操　作　内　容	备注
X 变 110kV 正母压变停役			
1	X 变运维班	X 变：110kV 正母压变由运行改冷备用/压变检修	若该母线与相邻母线并列运行，应注明二次并列
X 变 110kV 正母压变复役			
1	X 变运维班	X 变：110kV 正母压变由冷备用/压变检修改运行	

（4）110kV 母联开关停/复役操作指令见表 2-11。

表 2-11　　110kV 母联开关停/复役操作指令

序号	单位	操　作　内　容	备注
X 变 110kV 母联开关停役			
1	X 变运维班	X 变：合上#2 主变 110kV 中性点接地闸刀	
2	X 变运维班	X 变：110kV 母联开关由运行改热备用/冷备用/开关检修	若需要主变闸刀打联通，需注明
X 变 110kV 母联开关复役			
1	X 变运维班	X 变：110kV 母联开关由热备用/冷备用/开关检修改运行	
2	X 变运维班	X 变：拉开#2 主变 110kV 中性点接地闸刀	

（5）110kV 母分开关停/复役操作指令见表 2-12。

表 2-12　　110kV 母分开关停/复役操作指令

序号	单位	操　作　内　容	备注
X 变 110kV Ⅰ-Ⅱ段母分开关停役			
1	X 变运维班	X 变：合上#2 主变 110kV 中性点接地闸刀	若为单母分段的 110kV 站，无需此步
2	X 变运维班	X 变：110kV Ⅰ-Ⅱ段母分开关由运行改热备用/冷备用/开关检修	
X 变 110kV Ⅰ-Ⅱ段母分开关复役			
1	X 变运维班	X 变：110kV 母分开关由热备用/冷备用/开关检修改运行	
2	X 变运维班	X 变：拉开#2 主变 110kV 中性点接地闸刀	若为单母分段的 110kV 站，无需此步

（6）110kV 桥开关停/复役操作指令见表 2-13。

表 2-13　　**110kV 桥开关停/复役操作指令**

序号	单位	操　作　内　容	备注
X 变 110kV 桥开关停役			
1	X 变运维班	X 变：110kV 桥开关由运行/热备用改冷备用/开关检修	县调管辖的则为许可令
X 变 110kV 桥开关复役			
1	X 变运维班	X 变：110kV 桥开关由冷备用/开关检修改热备用/运行	县调管辖的则为许可令

三、110kV 主变停/复役操作

（1）110kV 主变停复役操作采用操作指令和操作许可方式。主变停役时应先停负荷侧开关，后停电源侧开关；主变复役时应先送电源侧开关，后送负荷侧开关。

（2）110kV 变电站主变停役，现场低压侧备自投装置应改信号，调度不另行发令；内桥接线的变电站主变停役，如果相应的进线开关要改至冷备用及以上安措时，此时 110kV 备自投装置同样应改信号，调度不另行发令。

（3）主变停役前应充分考虑负荷水平，正常情况下要确保主变停役后剩余运行主变不超载，必要时需先进行负荷转移。

（4）主变停、送电前需合上主变压器中性点接地闸刀，操作过程中短时拉合中性点接地闸刀调度不发令，由现场运行人员根据要求进行操作。

（5）运行中的主变中性点接地闸刀如需倒换，应采取先合后拉的原则，同时确保操作前后直接接地的中性点数目保持不变。如中性点配置间隙零序过流保护等，则相关保护根据中性点接地闸刀由现场运行人员自行按要求操作。

（6）新投产及大修后的主变在第一次投入运行时，应在额定电压下分别冲击合闸 5 次和 3 次，并应进行核相及相关试验。

操作指令如下：

（1）内桥接线 110kV 主变停/复役。如图 2-4 所示，若 X 变、Y 变、Z 变均为地调管辖，则内桥接线 110kV 主变停/复役操作指令见表 2-14；若 X 变、Z 变为地调管辖，Y 变为县调管辖，则内桥接线 110kV 主变停/复役操作指令见表 2-15。

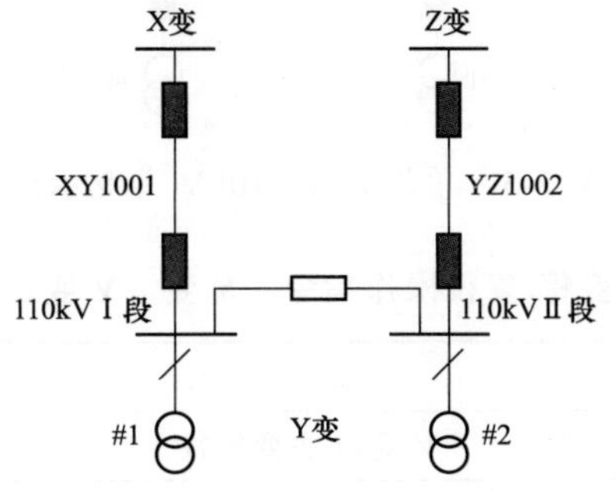

图 2-4　内桥接线 110kV 主变示意

表 2-14 内桥接线 110kV 主变停/复役操作指令（X 变、Y 变、Z 变均为地调管辖）

序号	单位	操作内容	备注
Y 变#1 主变停役			
1	Y 变运维班	Y 变：#1 主变由运行改主变检修/冷备用	
2	A 调监控	Y 变：XY1001 线由热备用改运行	若 XY1001 线需改检修，此步不执行
Y 变#1 主变复役			
1	A 调监控	Y 变：XY1001 线由运行改热备用	
2	Y 变运维班	Y 变：#1 主变由主变检修/冷备用改运行	

表 2-15 内桥接线 110kV 主变停/复役操作指令（X 变、Z 变为地调管辖，Y 变为县调管辖）

序号	单位	操作内容	备注
Y 变#1 主变停役			
1	B 县县调	Y 变：许可#1 主变停役	
2	B 县县调	Y 变：许可 XY1001 线由热备用改运行	若 XY1001 线需改检修，此步不执行
Y 变#1 主变复役			
1	B 县县调	Y 变：许可 XY1001 线由运行改热备用	
2	B 县县调	Y 变：许可#1 主变复役/改桥运行	

（2）单母分段 110kV 主变停复役。如图 2-5 所示，若 X 变、Y 变、Z 变均为地调管辖，则单母分段 110kV 主变停/复役操作指令见表 2-16；若 X 变、Z 变为地调管辖，Y 变为县调管辖，则单母分段 110kV 主变停/复役操作指令见表 2-17。

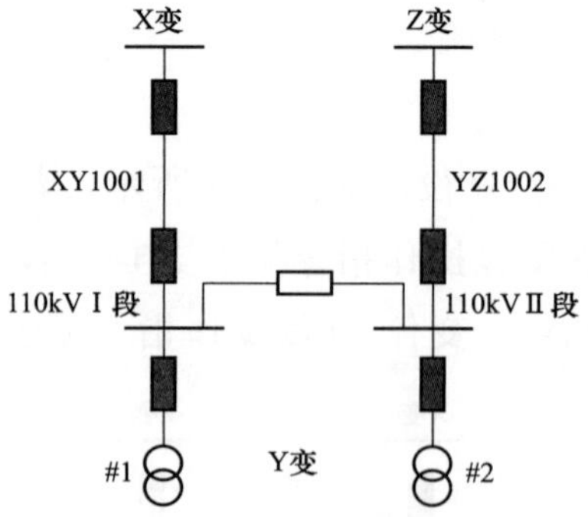

图 2-5 单母分段 110kV 主变示意

表 2-16 单母分段 110kV 主变停/复役操作指令（X 变、Y 变、Z 变均为地调管辖）

序号	单位	操作内容	备注
Y 变#1 主变停役			
1	Y 变运维班	Y 变：#1 主变由运行改冷备用/主变检修	

续表

序号	单位	操　作　内　容	备注
Y 变#1 主变复役			
1	Y 变运维班	Y 变：#1 主变由冷备用/主变检修改运行	

表 2-17　单母分段 110kV 主变停/复役操作指令（X 变、Z 变为地调管辖，Y 变为县调管辖）

序号	单位	操　作　内　容	备注
Y 变#1 主变停役			
1	B 县县调	Y 变：许可#1 主变停役	
Y 变#1 主变复役			
1	B 县县调	Y 变：许可#1 主变复役	

四、110kV 设备倒排操作

（1）110kV 设备倒排操作分为热倒和冷倒两种方式。正常运行方式下，设备不停电倒排选择热倒；母线故障情况下的倒排应采用冷倒。

（2）热倒，即设备不停电方式倒排，地调发布倒排操作指令，现场运行人员根据典型操作票自行调整母差保护及母联开关等相关方式，倒排间隔母线闸刀依照先合后拉的原则进行操作。

（3）冷倒，即设备停电方式倒排，地调发布倒排操作指令，指令中应明确为冷倒，由现场运行人员将倒排间隔母线闸刀依照先拉后合的原则进行操作。

（4）一般情况下，进行母线倒排操作时，母差保护不得停用并应做好相应调整。

操作指令如下：

（1）110kV 运行线路倒排操作指令见表 2-18。

表 2-18　　110kV 运行线路倒排操作指令

序号	单位	操　作　内　容	备注
X 变 XY1001 线由正母倒至副母			
1	X 变运维班	X 变：XY1001 线由正母运行改副母运行	热倒

（2）110kV 充电线路倒排操作指令见表 2-19。

表 2-19　　110kV 充电线路倒排操作指令

序号	单位	操　作　内　容	备注
X 变 XY1001 线（热备用）由正母倒至副母			
1	X 变运维班	X 变：XY1001 线由正母热备用改副母热备用（冷倒）	

（3）主变 110kV 开关倒排操作指令见表 2-20。

表 2-20　　主变 110kV 开关倒排操作指令

序号	单位	操　作　内　容	备注
X 变#1 主变 110kV 开关由正母倒至副母			
1	X 变运维班	X 变：#1 主变 110kV 开关由正母运行改副母运行	热倒

第二节　二次设备运行操作

一、线路微机保护

（1）110kV 线路微机保护一般具有“跳闸”“信号”“停用”三种状态。

（2）线路微机保护停役时，地调仅发令操作到信号状态，现场运行人员根据需要自行调整微机保护停役状态（信号或停用）。线路微机保护复役操作前，现场运行人员自行将微机保护调整至信号状态，再由地调发令操作恢复到跳闸状态。

（3）整套线路微机保护包括线路重合闸的，该线路微机保护的停役操作，应包括停用线路重合闸；该线路微机保护的复役操作，应包括用上线路重合闸。线路重合闸与线路微机保护相互独立的，线路微机保护的停、复役操作不应包括线路重合闸的投、退。

（4）正常情况下，任何线路不允许无保护运行。

线路微机保护操作指令见表 2-21。

表 2-21　　线路微机保护操作指令

序号	单位	操　作　内　容	备注
X 变 XY1001 线保护停役			
1	X 变运维班	X 变：XY1001 线线路保护由跳闸改信号	
X 变 XY1001 线保护复役			
1	X 变运维班	X 变：XY1001 线线路保护由信号改跳闸	

二、线路纵联保护

（1）110kV 纵联保护按通道类型主要为光纤保护。

（2）正常运行时，线路纵联保护一般应两侧状态对应，同时投跳或停用。

（3）温州电网 110kV 线路设置纵联保护有以下几种情况：①110kV T 接线线路有一侧为小电源；②110kV 站所双回线存在并列运行的方式；③小电源专线或纯用户专线。

线路纵联保护操作指令见表 2-22。

表 2-22　　线路纵联保护操作指令

序号	单位	操作内容	备注
XY1001 线纵联保护停役			
1	X 变运维班	X 变：XY1001 线纵联保护由跳闸改信号	
2	Y 变运维班	Y 变：XY1001 线纵联保护由跳闸改信号	
XY1001 线纵联保护复役			
1	X 变运维班	X 变：XY1001 线纵联保护由信号改跳闸	
2	Y 变运维班	Y 变：XY1001 线纵联保护由信号改跳闸	

三、母差保护

（1）110kV 母差保护一般具有“跳闸”“信号”“停用”三种状态。

（2）母差保护停役时，地调仅发令操作到信号状态，现场运行人员根据需要自行调整母差保护停役状态（信号或停用）。母差保护复役操作前，现场运行人员自行将母差保护调整至信号状态，再由地调发令操作恢复到跳闸状态。

（3）进行母线倒排操作时，母差保护不得停用并应做好相应调整，倒排过程中母差保护方式调整地调不发令，由现场运行人员根据典型操作票进行操作。

母差保护操作指令见表 2-23。

表 2-23　　母差保护操作指令

序号	单位	操作内容	备注
X 变 110kV 母差保护停役			
1	X 变运维班	X 变：110kV 母差保护由跳闸改信号	
X 变 110kV 母差保护复役			
1	X 变运维班	X 变：110kV 母差保护由信号改跳闸	

四、母线故障解列装置

由于变电站存在小电源线路，为了配合 110kV 供电线路跳闸后重合成功，因此 110kV 母线配置故障解列装置，一般根据变电站的具体情况将装置进行投退。

母线故障解列装置操作指令见表 2-24。

表 2-24　　母线故障解列装置操作指令

序号	单位	操作内容	备注
Y 变 110kV Ⅰ 段母线故障解列装置投入			
1	Y 变运维班	Y 变：110kV Ⅰ 段母线故障解列装置由信号改跳闸	
Y 变 110kV Ⅰ 段母线故障解列装置退出			
1	Y 变运维班	Y 变：110kV Ⅰ 段母线故障解列装置由跳闸改信号	

五、母联过流解列保护（母分过流解列保护）

（1）110kV 母联（母分）过流解列保护一般具有“跳闸”“信号”“停用”三种状态。

（2）母联（母分）过流解列保护具备充电保护功能和过流解列保护功能。正常运行时，充电保护和过流解列保护应改信号。

（3）当母联（母分）开关与相邻元件串接作为相邻元件后备保护时，应投入母联（母分）过流解列保护，一般带 0.3s 时限跳闸，并需控制母联（母分）开关的负荷电流。

（4）用母联（母分）开关向空母线充电时，应短时投入母联（母分）充电保护，0s 时限跳闸，充电结束后必须退出母联（母分）充电保护。此过程中母联（母分）充电保护的投退地调不发令，由现场运行人员根据典型操作票进行操作。

母联过流解列保护（母分过流解列保护）操作指令见表 2-25。

表 2-25　　母联过流解列保护（母分过流解列保护）操作指令

序号	单位	操 作 内 容	备注
X 变 110kV 母联过流解列保护投入			
1	X 变运维班	X 变：110kV 母联（母分）过流解列保护由信号改跳闸（采用定值Ⅰ，时间 0.3s，控制负荷电流小于××A）或（采用定值Ⅱ，时间 0s）	
X 变 110kV 母联过流解列保护退出			
1	X 变运维班	X 变：110kV 母联（母分）过流解列保护由跳闸改信号（定值时间恢复正常，控制负荷电流取消）	

六、线路过流保护

温州电网存在分层分区的情况，不同供区之间方式的倒换，一般需要 110kV 线路的过流保护，保证不同供区合环时差流在一定范围内，才能合环成功。

线路过流保护操作指令见表 2-26。

表 2-26　　线路过流保护操作指令

序号	单位	操 作 内 容	备注
X 变 XY1001 线过流保护投入			
1	X 变运维班	X 变：XY1001 线过流保护由信号改跳闸	
X 变 XY1001 线过流保护退出			
1	X 变运维班	X 变：XY1001 线过流保护由跳闸改信号	

七、重合闸

（1）110kV 线路重合闸一般具有“跳闸”“信号”“停用”三种状态，调度只发“跳闸”和“信号”的令。

（2）温州电网110kV线路重合闸一般情况下均投三重方式。

（3）整套线路微机保护包括线路重合闸的，该线路微机保护的停役操作，应包括停用线路重合闸；该线路微机保护的复役操作，应包括用上线路重合闸。线路重合闸与线路微机保护相互独立的，线路微机保护的停、复役操作不应包括线路重合闸的投、退。

（4）定义为电缆线路的重合闸应停用。

重合闸操作指令见表2-27。

表2-27　　重合闸操作指令

序号	单位	操作内容	备注
X变XY1001线重合闸投入			
1	X变运维班	X变：XY1001线重合闸由信号改跳闸	
X变XY1001线重合闸退出			
1	X变运维班	X变：XY1001线重合闸由跳闸改信号	

八、备自投装置

（1）110kV备自投装置一般具有“跳闸”“信号”“停用”三种状态。

（2）内桥接线且投母分备自投运行方式下，主变保护动作应闭锁备自投装置。

（3）内桥接线的两回进线开关或110kV桥开关任意一个改至冷备用或检修状态时，现场典卡已包括备自投应改信号。

备自投装置操作指令见表2-28。

表2-28　　备自投装置操作指令

序号	单位	操作内容	备注
Y变110kV备自投投入			
1	Y变运维班	Y变：110kV备自投由信号改跳闸	
Y变110kV备自投退出			
1	Y变运维班	Y变：110kV备自投由跳闸改信号	

九、主变保护

110kV主变保护配置和220kV主变配置类似，只是一些主变保护没有双重化配置，基本没有配置自动装置。

主变保护操作指令见表2-29。

表 2-29 **主变保护操作指令**

序号	单位	操 作 内 容	备注
Y 变#1 主变第一套差动保护投入			
1	Y 变运维班	Y 变：#1 主变第一套差动保护由信号改跳闸	
Y 变#1 主变第一套差动保护退出			
1	Y 变运维班	Y 变：#1 主变第一套差动保护由跳闸改信号	
Y 变#1 主变第一套后备保护投入			
1	Y 变运维班	Y 变：#1 主变第一套后备保护由信号改跳闸	
Y 变#1 主变第一套后备保护退出			
1	Y 变运维班	Y 变：#1 主变第一套后备保护由跳闸改信号	
Y 变#1 主变瓦斯保护投入			
1	Y 变运维班	Y 变：#1 主变瓦斯保护由信号改跳闸	
Y 变#1 主变瓦斯保护退出			
1	Y 变运维班	Y 变：#1 主变瓦斯保护由跳闸改信号	
Y 变#1 主变压力释放阀投入			
1	Y 变运维班	Y 变：#1 主变压力释放阀由信号改跳闸	
Y 变#1 主变压力释放阀退出			
1	Y 变运维班	Y 变：#1 主变压力释放阀由跳闸改信号	

第三章　35kV 操作指令典型任务票

本章主要介绍温州地区 35kV 电压等级的相关设备操作，35kV 设备按照管辖范围进行区分，但在调度指令上基本保持一致，下面就各种情况进行说明。

第一节　一次设备运行操作

一、35kV 线路停/复役操作

（1）35kV 线路的停、复役操作，由值班调度员发布操作指令完成线路的停、复役及相关保护调整操作。

（2）线路的停役操作，一般情况下，先停役受电侧开关，再停役送电侧开关；线路改检修的停役操作，需将线路各侧均改冷备用后，再逐一将线路各侧改检修。

（3）线路的复役操作，一般情况下，先恢复送电侧开关，再恢复受电侧开关；线路改检修的复役操作，需将线路各侧均改冷备用后，再从送电侧开始逐一对线路各侧恢复送电。

（4）合环操作时，应满足相位相同或偏差尽量小的条件。操作前应考虑合环点两侧的相角差和电压差，确保合环后各环节潮流的变化不超过继电保护、电网稳定和设备容量等方面的限额。对比较复杂的环网的合环操作，应事先进行计算或校验。

（5）解环操作前，应检查解环点的有功、无功潮流，确保解环后各部分电压在规定数值内，各环节的潮流变化不超过继电保护、安全自动装置、系统稳定和设备容量等方面的限额。

（6）两条进线电源存在 20°及以上相角差的变电站，35kV 主供线路停复役不允许合环操作，必须通过停电方式倒换电源。

（7）雷季期间不满足雷季运行方式的线路停役，一般不论是否有工作安措要求，该线路不允许带电开口，线路需改线路检修。事故处理时视实际情况而定。

（8）对于线变组接线方式的线路停役，需先将主变停役，再进行线路停役；复役时顺序则相反。

操作指令如下：

（1）备用线路停/复役操作指令见表 3-1。如图 3-1 所示，XY3001 线为备用线路，YZ3002 线为主供线路。若 X 变为地调管辖的 220kV 变电站，Y 变为县域 35kV 变电站，则地调只发单步许可令给相应的县调。如××县调：许可 X 变 XY3001 线停役/复役。

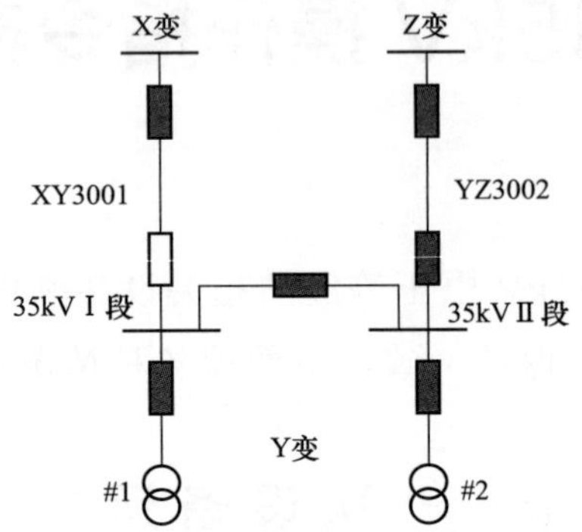

图 3-1 备用线路示意

表 3-1 备用线路停/复役操作指令（XY3001 线为备用线路，YZ3002 线为主供线路）

序号	单位	操作内容	备注
XY3001 线停役操作			
1	Y 变运维班	Y 变：XY3001 线由热备用改冷备用	
2	A 调监控	X 变：XY3001 线由运行改热备用	
3	X 变运维班	X 变：XY3001 线由热备用改冷备用	非遥控操作可改为：XY3001 线由运行改冷备用
4	X 变运维班	X 变：XY3001 线由冷备用改线路检修/开关及线路检修	
5	Y 变运维班	Y 变：XY3001 线由冷备用改线路检修/开关及线路检修	
XY3001 线复役操作			
1	X 变运维班	X 变：XY3001 线由线路检修/开关及线路检修改冷备用	
2	Y 变运维班	Y 变：XY3001 线由线路检修/开关及线路检修改冷备用	
3	X 变运维班	X 变：XY3001 线由冷备用改热备用	非遥控操作可改为：XY3001 线由冷备用改运行
4	A 调监控	X 变：XY3001 线由热备用改运行（充电）	
5	Y 变运维班	Y 变：XY3001 线由冷备用改热备用	

（2）主供线路停/复役操作指令见表 3-2。如图 3-2 所示，XY3001 线为主供线路，YZ3002 线为备用线路。若 X 变为地调管辖的 220kV 变电站，Y 变为县域 35kV 变电站，则地调

同样只发单步许可令给相应的县调。如××县调：许可 X 变 XY3001 线停役/复役。

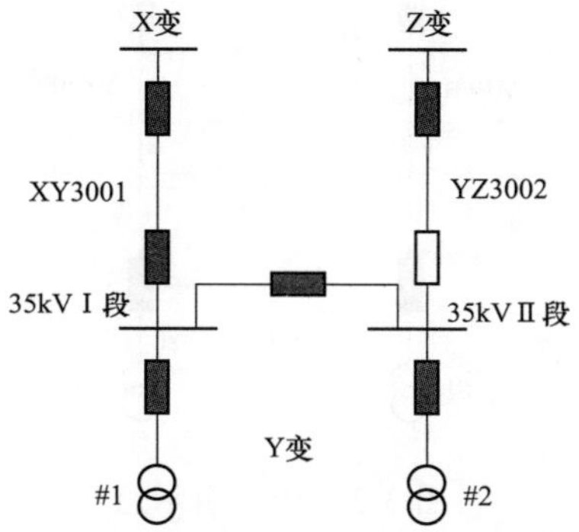

图 3-2 主供线路示意

表 3-2 主供线路停/复役操作指令（XY3001 线为主供线路，YZ3002 线为备用线路）

序号	单位	操 作 内 容	备注
XY3001 线停役操作			
1	A 调监控	Y 变：YZ3002 线由热备用改运行（合环）	
2	A 调监控	Y 变：XY3001 线由运行改热备用（解环）	
3	A 调监控	X 变：XY3001 线由运行改热备用	
4	X 变运维班	X 变：XY3001 线由热备用改冷备用	非遥控操作可改为：XY3001 线由运行改冷备用
5	Y 变运维班	Y 变：XY3001 线由热备用改冷备用	
6	Y 变运维班	Y 变：XY3001 线由冷备用改线路检修/开关及线路检修	
7	X 变运维班	X 变：XY3001 线由冷备用改线路检修/开关及线路检修	
XY3001 线复役操作			
1	X 变运维班	X 变：XY3001 线由线路检修/开关及线路检修改冷备用	
2	Y 变运维班	Y 变：XY3001 线由线路检修/开关及线路检修改冷备用	
3	X 变运维班	X 变：XY3001 线由冷备用改热备用	非遥控操作可改为：XY3001 线由冷备用改为运行
4	A 调监控	X 变：XY3001 线由热备用改运行（充电）	
5	Y 变运维班	Y 变：XY3001 线由冷备用改热备用	
6	A 调监控	Y 变：XY3001 线由热备用改运行（合环）	
7	A 调监控	Y 变：YZ3002 线由运行改热备用（解环）	

（3）线变组线路停/复役操作指令见表 3-3。如图 3-3 所示，XY3001 线为操作线路。

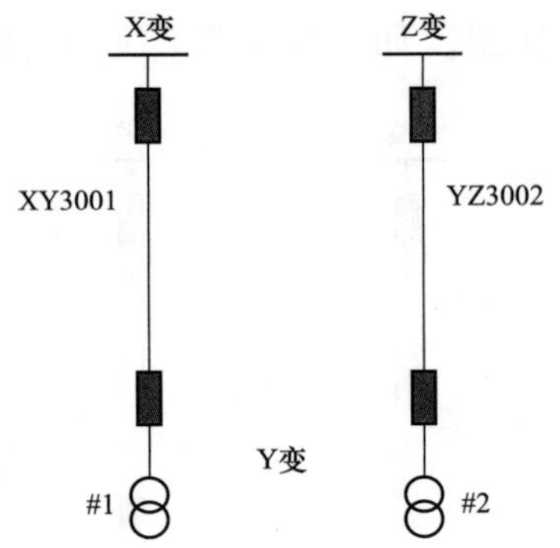

图 3-3 线变组示意

表 3-3 线变组线路停/复役操作指令（XY3001 线为操作线路）

序号	单位	操作内容	备注
XY3001 线停役操作			
1	Y 变运维班	Y 变：#1 主变由运行改冷备用	
2	A 调监控	X 变：XY3001 线由运行改热备用	
3	X 变运维班	X 变：XY3001 线由热备用改冷备用	非遥控操作可改为：XY3001 线由运行改冷备用
4	X 变运维班	X 变：XY3001 线由冷备用改线路检修/开关及线路检修	
5	Y 变运维班	Y 变：XY3001 线由冷备用改线路检修/开关及线路检修	
XY3001 线复役操作			
1	Y 变运维班	Y 变：XY3001 线由线路检修/开关及线路检修改冷备用	
2	X 变运维班	X 变：XY3001 线由线路检修/开关及线路检修改冷备用	
3	X 变运维班	X 变：XY3001 线由冷备用改热备用	非遥控操作可改为：XY3001 线由冷备用改运行
4	A 调监控	X 变：XY3001 线由热备用改运行（充电）	
5	Y 变运维班	Y 变：#1 主变由冷备用改运行	

二、35kV 母线及母线设备停/复役操作

（1）单母分段运行（指每段母线均有主变）的 220kV 变电站 35kV Ⅰ段母线停役，需先将该母线上所有运行出线间隔对侧开关停役，再将本侧所有间隔（包括母分开关）均改冷备用，而后利用主变 35kV 开关对母线停电，最后将母线改检修。复役时，先将母线改冷备用，利用主变 35kV 开关对母线送电，而后将母线上各间隔（包括母线分开关）改运行，最后恢复对侧方式。

（2）单母运行的 35kV 变电站 35kV 母线停役，先将主变停役，再利用进线开关对母线停电，最后将母线改检修。复役时，先将母线改冷备用，再利用进线开关对母线送电，最后复役主变。

（3）内桥接线的 35kV 变电站 35kV Ⅰ段母线停役，需先将主变停役。如 35kV 变电站母线停役，先将主变改至冷备用，然后将进线开关和桥开关改冷备用，最后将母线改至母线检修，复役则顺序相反。

（4）35kV 变电站高压侧母线在从检修状态复役时不允许发令直接改运行，应先操作到冷备用状态，同时尽量避免用闸刀向母线充电。

（5）当 35kV 母线需要改检修时，母线压变由调度先行发令改为冷备用或检修，再进行母线改检修操作。当 35kV 母线恢复冷备用时，母线压变由调度发令改为运行，再进行母线改运行等操作。

（6）单母分段或内桥接线方式的母线压变正常停役操作，通常需要压变二次并列，并列操作前提是两条母线需并列运行，如母线分列运行则由调度发令先将母线并列，再进行压变停役操作。单母线接线方式的母线压变停役需考虑对有关保护的影响，尽可能调整运行方式，无法调整时，则需停用相关保护。

（7）母线压变和避雷器共用一把闸刀时，雷季期间一般不允许停役。特殊情况下且天气晴好时允许短时停役。

操作指令如下：

（1）如图 3-4 所示，35kV 母线为 220kV 变电站单母分段的 35kV 母线，35kV Ⅰ段母线及母线设备停/复役操作指令见表 3-4。

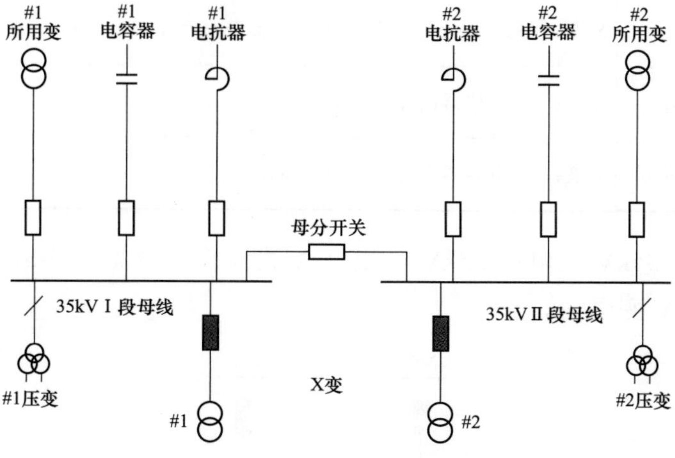

图 3-4 220kV 变电站 35kV 母线示意

表 3-4　　35kV 母线及母线设备停/复役操作指令

序号	单位	操 作 内 容	备注
X 变 35kV Ⅰ段母线停役（母线检修）			
1	X 变运维班	X 变：#1 电容器由热备用改冷备用	如有多组电容器均改冷备用

续表

序号	单位	操 作 内 容	备注
2	X 变运维班	X 变：#1 电抗器由热备用改冷备用	如有多组电抗器均改冷备用
3	A 调监控	X 变：35kV Ⅰ段母线各出线由运行改热备用	发令时明确线路双重命名
4	X 变运维班	X 变：35kV Ⅰ段母线各出线由热备用改冷备用	发令时明确线路双重命名
5	X 变运维班	X 变：许可#1 接地变停役	
6	X 变运维班	X 变：35kV 母分开关由热备用改冷备用	
7	X 变运维班	X 变：#1 主变 35kV 开关由运行改冷备用	
8	X 变运维班	X 变：35kV Ⅰ段母线压变由运行改冷备用/压变检修	
9	X 变运维班	X 变：35kV Ⅰ段母线由冷备用改母线检修	
X 变 35kV Ⅰ段母线复役			
1	X 变运维班	X 变：35kV Ⅰ段母线由母线检修改冷备用	
2	X 变运维班	X 变：35kV Ⅰ段母线压变由冷备用/压变检修改运行	
3	X 变运维班	X 变：#1 主变 35kV 开关由冷备用改运行	
4	X 变运维班	X 变：35kV 母分开关由冷备用改热备用	
5	X 变运维班	X 变：许可#1 接地变复役	
6	X 变运维班	X 变：35kV Ⅰ段母线各出线由冷备用改热备用	发令时明确线路双重命名
7	A 调监控	X 变：35kV Ⅰ段母线各出线由热备用改运行（充电）	发令时明确线路双重命名
8	X 变运维班	X 变：#1 电抗器由冷备用改热备用	如有多组电抗器均改热备用
9	X 变运维班	X 变：#1 电容器由冷备用改热备用	如有多组电容器均改热备用

（2）内桥接线 35kV 变电站 35kV 母线停/复役操作指令见表 3-5。如图 3-5 所示，Y 变为内桥接线 35kV 变电站。

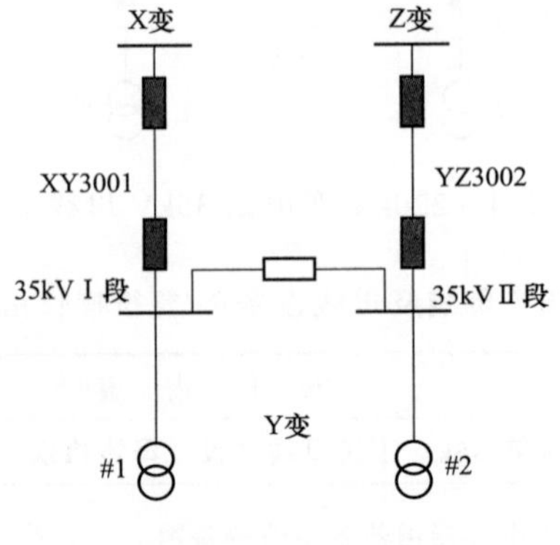

图 3-5　内桥接线 35kV 变电站示意

表 3-5　　内桥接线 35kV 变电站 35kV 母线停/复役操作指令

序号	单位	操 作 内 容	备注
35kV Ⅰ段母线停役操作			
1	Y 变运维班	Y 变：#1 主变由运行改冷备用	
2	Y 变运维班	Y 变：35kV 桥开关由热备用改冷备用	
3	Y 变运维班	Y 变：XY3001 线由热备用改冷备用	
4	Y 变运维班	Y 变：35kV Ⅰ段母线由冷备用改母线检修	
35kV Ⅰ段母线复役操作			
1	Y 变运维班	Y 变：35kV Ⅰ段母线由母线检修改冷备用	
2	Y 变运维班	Y 变：XY3001 线由冷备用改热备用	
3	Y 变运维班	Y 变：35kV 桥开关由冷备用改热备用	
4	Y 变运维班	Y 变：#1 主变由冷备用改运行	

（3）35kV 母线压变停/复役操作指令见表 3-6。

表 3-6　　35kV 母线压变停/复役操作指令

序号	单位	操 作 内 容	备注
X 变 35kV Ⅰ段母线压变停役			
1	X 变运维班	X 变：35kV Ⅰ段母线压变由运行改冷备用/压变检修	单母分段的需要一二次并列
X 变 35kV Ⅰ段母线压变复役			
1	X 变运维班	X 变：35kV Ⅰ段母线压变由冷备用/压变检修改运行	单母分段的需要一二次分列

（4）35kV 母分开关（桥开关）停/复役操作指令见表 3-7。

表 3-7　　35kV 母分开关（桥开关）停/复役操作指令

序号	单位	操 作 内 容	备注
X 变 35kV 母分开关停役			
1	X 变运维班	X 变：35kV 母分开关（桥开关）由运行/热备用改冷备用/开关检修	
X 变 35kV 母分开关复役			
1	X 变运维班	X 变：35kV 母分开关（桥开关）由冷备用/开关检修改热备用/运行	

（5）35kV 电容器/电抗器停/复役操作指令见表 3-8。

表 3-8　　**35kV 电容器/电抗器停/复役操作指令**

序号	单位	操　作　内　容	备注
X 变#1 电容器/电抗器停役			
1	X 变运维班	X 变：#1 电容器/电抗器由热备用改冷备用/开关检修/电容器检修/电抗器检修	
X 变#1 电容器/电抗器复役			
1	X 变运维班	X 变：#1 电容器/电抗器由冷备用/开关检修/电容器检修/电抗器检修改热备用	

（6）35kV 接地变/所用变停/复役操作指令见表 3-9。

表 3-9　　**35kV 接地变/所用变停/复役操作指令**

序号	单位	操　作　内　容	备注
X 变#1 接地变停役			
1	X 变运维班	X 变：许可#1 接地变/所用变停役	如有特定要求，需指明具体安措
X 变#1 接地变复役			
1	X 变运维班	X 变：许可#1 接地变/所用变复役	

三、35kV 主变停/复役操作

（1）35kV 主变停复役操作采用操作指令方式。主变停役时应先停负荷侧开关，后停电源侧开关；主变复役时应先送电源侧开关，后送负荷侧开关。

（2）主变停役前应充分考虑负荷水平，正常情况下要确保主变停役后剩余运行主变不超载，必要时需先进行负荷转移。

（3）新投产及大修后的主变在第一次投入运行时，应在额定电压下分别冲击合闸 5 次和 3 次，并应进行核相及相关试验。

35kV 主变停/复役操作指令见表 3-10。

表 3-10　　**35kV 主变停/复役操作指令**

序号	单位	操　作　内　容	备注
Y 变#1 主变停役			
1	Y 变运维班	Y 变：#1 主变由运行改冷备用/主变检修	
2	A 调监控	Y 变：XY3001 线由热备用改运行	
Y 变#1 主变复役			
1	A 调监控	Y 变：XY3001 线由运行改热备用	
2	Y 变运维班	Y 变：#1 主变由主变检修/冷备用改运行	

第二节 二次设备运行操作

一、线路微机保护

（1）35kV 线路微机保护一般具有“跳闸”“信号”“停用”三种状态。

（2）线路微机保护停役时，调度仅发令操作到信号状态，现场运行人员根据需要自行调整微机保护停役状态（信号或停用）。线路微机保护复役操作前，现场运行人员自行将微机保护调整至信号状态，再由调度发令操作恢复到跳闸状态。

（3）整套线路微机保护包括线路重合闸的，该线路微机保护的停役操作，应包括停用线路重合闸；该线路微机保护的复役操作，应包括用上线路重合闸。线路重合闸与线路微机保护相互独立的，线路微机保护的停、复役操作不应包括线路重合闸的投、退。

（4）正常情况下，任何线路不允许无保护运行。

线路微机保护操作指令见表 3-11。

表 3-11　　线路微机保护操作指令

序号	单位	操　作　内　容	备注
X 变 XY3001 线保护停役			
1	X 变运维班	X 变：XY3001 线保护由跳闸改信号	
X 变 XY3001 线保护复役			
1	X 变运维班	X 变：XY3001 线保护由信号改跳闸	

二、线路纵联保护

温州电网 35kV 线路配置纵联保护的就只有一回线路昆鹿湾 3731 线，以下就这回线路说明。

线路纵联保护操作指令见表 3-12。

表 3-12　　线路纵联保护操作指令

序号	单位	操　作　内　容	备注
昆鹿湾 3731 线纵联保护停役			
1	垂杨运维班	昆阳变：昆鹿湾 3731 线纵联保护由跳闸改信号	
2	变电运维班	南鹿变：昆鹿湾 3731 线纵联保护由跳闸改信号	
3	直调电厂	西湾风电场：昆鹿湾 3731 线纵联保护由跳闸改信号	
昆鹿湾 3731 线纵联保护复役			
1	直调电厂	西湾风电场：昆鹿湾 3731 线纵联保护由信号改跳闸	
2	变电运维班	南鹿变：昆鹿湾 3731 线纵联保护由信号改跳闸	
3	垂杨运维班	昆阳变：昆鹿湾 3731 线纵联保护由信号改跳闸	

三、母差保护

（1）35kV母差保护一般具有"跳闸""信号""停用"三种状态。

（2）母差保护停役时，地调仅发令操作到信号状态，现场运行人员根据需要自行调整母差保护停役状态（信号或停用）。母差保护复役操作前，现场运行人员自行将母差保护调整至信号状态，再由地调发令操作恢复到跳闸状态。

母差保护操作指令见表3-13。

表3-13　　母差保护操作指令

序号	单位	操作内容	备注
X变35kV母差保护停役			
1	X变运维班	X变：35kV母差保护由跳闸改信号	注意主变保护切区
X变35kV母差保护复役			
1	X变运维班	X变：35kV母差保护由信号改跳闸	

四、母线故障解列装置

由于变电站存在小电源线路，为了配合35kV供电线路跳闸后重合成功，因此35kV母线配置故障解列装置，一般根据变电站的具体情况将装置进行投退。

母差故障解列装置操作指令见表3-14。

表3-14　　母线故障解列装置操作指令

序号	单位	操作内容	备注
X变35kV Ⅰ段母线故障解列装置投入			
1	X变运维班	X变：35kV Ⅰ段母线故障解列装置由信号改跳闸	
X变35kV Ⅰ段母线故障解列装置退出			
1	X变运维班	X变：35kV Ⅰ段母线故障解列装置由跳闸改信号	

五、母联过流解列保护（母分过电流解列保护）

（1）35kV母联（母分）过流解列保护一般具有"跳闸""信号""停用"三种状态。

（2）母联（母分）过流解列保护具备充电保护功能和过流解列保护功能。正常运行时，充电保护和过流解列保护应改信号。

（3）当母联（母分）开关与相邻元件串接作为相邻元件后备保护时，应投入母联（母分）过流解列保护，一般带0.3s时限跳闸，并需控制母联（母分）开关的负荷电流。

（4）用母联（母分）开关向空母线充电时，应短时投入母联（母分）充电保护，0s时限跳闸，充电结束后必须退出母联（母分）充电保护。此过程中母联（母分）充电保护的投退调度不发令，由现场运行人员根据典型操作票进行操作。

母联过流解列保护（母分过流解列保护）操作指令见表3-15。

表3-15 母联过流解列保护（母分过流解列保护）操作指令

序号	单位	操作内容	备注
X变35kV母联过流解列保护投入			
1	X变运维班	X变：35kV母联（母分）过流解列保护由信号改跳闸（采用定值Ⅰ，时间0.3s，控制负荷电流小于×× A）或（采用定值Ⅱ，时间0s）	
X变35kV母联过流解列保护退出			
1	X变运维班	X变：35kV母联（母分）过流解列保护由跳闸改信号（定值时间恢复正常，控制负荷电流取消）	

六、重合闸

（1）35kV线路重合闸一般具有“跳闸”“信号”“停用”三种状态，调度只发“跳闸”和“信号”的令。

（2）35kV线路重合闸一般情况下均投三重方式。

（3）整套线路微机保护包括线路重合闸的，该线路微机保护的停役操作，应包括停用线路重合闸；该线路微机保护的复役操作，应包括用上线路重合闸。线路重合闸与线路微机保护相互独立的，线路微机保护的停、复役操作不应包括线路重合闸的投、退。

（4）定义为电缆线路的重合闸应停用。

重合闸操作指令见表3-16。

表3-16 重合闸操作指令

序号	单位	操作内容	备注
X变XY3001线重合闸投入			
1	X变运维班	X变：XY3001线重合闸由信号改跳闸	
X变XY3001线重合闸退出			
1	X变运维班	X变：XY3001线重合闸由跳闸改信号	

七、备自投装置

（1）35kV备自投装置一般具有“跳闸”“信号”“停用”三种状态。

（2）35kV备自投一般分为线路备自投和母分备自投两大类，内桥接线的桥开关备自投方式也归属母分备自投。

（3）内桥接线且投母分备自投运行方式下，主变保护动作应闭锁备自投装置。

备自投装置操作指令见表3-17。

表 3-17　　备自投装置操作指令

序号	单位	操　作　内　容	备注
Y 变 35kV 备自投投入			
1	Y 变运维班	Y 变：35kV 备自投由信号改跳闸	
Y 变 35kV 备自投退出			
1	Y 变运维班	Y 变：35kV 备自投由跳闸改信号	

八、主变保护

35kV 主变和 110kV 主变配置类似，但是基本配置单套保护。

主变保护操作指令见表 3-18。

表 3-18　　主变保护操作指令

序号	单位	操　作　内　容	备注
Y 变#1 主变差动保护投入			
1	Y 变运维班	Y 变：#1 主变差动保护由信号改跳闸	
Y 变#1 主变差动保护退出			
1	Y 变运维班	Y 变：#1 主变差动保护由跳闸改信号	
Y 变#1 主变后备保护投入			
1	Y 变运维班	Y 变：#1 主变后备保护由信号改跳闸	
Y 变#1 主变后备保护退出			
1	Y 变运维班	Y 变：#1 主变后备保护由跳闸改信号	
Y 变#1 主变瓦斯保护投入			
1	Y 变运维班	Y 变：#1 主变瓦斯保护由信号改跳闸	
Y 变#1 主变瓦斯保护退出			
1	Y 变运维班	Y 变：#1 主变瓦斯保护由跳闸改信号	
Y 变#1 主变压力释放阀投入			
1	Y 变运维班	Y 变：#1 主变压力释放阀由信号改跳闸	
Y 变#1 主变压力释放阀退出			
1	Y 变运维班	Y 变：#1 主变压力释放阀由跳闸改信号	

九、电抗器/电容器保护

电抗器/电容器保护操作指令见表 3-19。

表 3-19　　**电抗器/电容器保护操作指令**

序号	单位	操　作　内　容	备注
Y变#1电容器保护投入			
1	Y变运维班	Y变：#1电容器保护由信号改跳闸	
Y变#1电容器保护退出			
1	Y变运维班	Y变：#1电容器保护由跳闸改信号	
Y变#1电抗器保护投入			
1	Y变运维班	Y变：#1电抗器保护由信号改跳闸	
Y变#1电抗器保护退出			
1	Y变运维班	Y变：#1电抗器保护由跳闸改信号	

第四章　20kV 操作指令典型任务票

本章主要介绍温州地区 20kV 电压等级相关设备的典型操作，由于管辖范围基本在县、配调，主体就是县、配调，综合考虑县、配调以往的操作形式，就这个章节做了统一。为了方便说明，选取了沙园变作为典型变电站进行说明。

第一节　一次设备运行操作

一、20kV 线路停/复役操作

（1）20kV 线路的停、复役操作，由县（配）调值班调度员发布操作指令完成线路的停、复役及相关保护调整操作。

（2）分支线操作指令按干线名称＋统一的分支线名称＋设备编号＋设备名称来命名操作任务。

（3）线厂站（所）内设备间隔改线路检修或需要提前负荷转移线路上已有断开的，或直接停电，且线厂站（所）内开关操作原则上由县（配）调值班调度员遥控操作，应先将该间隔改为热备用，然后再改为线路检修。

（4）环网柜及部分开闭所 10kV 间隔只有开关没有闸刀，故没有冷备用状态。因此，允许手拉手环网柜或开闭所间 10kV 线路改检修过程中只需核对对侧已处于分闸状态即可将本侧间隔改为线路检修。

（5）配网杆上线路开关（负荷闸刀）的操作任务，应采用单一发令形式。

（6）多个地点的配网检修工作若各检修工作之间有制约关系的，应将操作指令拟在同一张调度操作指令任务票内。

（7）没有制约因素的配合性工作，停役指令可按各自工作任务单独拟票，但复役送电须将操作指令按步骤拟在同一张操作任务票上，待主要工作任务及各配合性工作任务终结后按顺序执行复役操作。

（8）配网操作点多面广，拟定操作指令票时需合理安排操作次序，原则上检修作业前需进行方式调整的，应先进行合解环倒电操作；检修工作结束，应先行恢复送电，再调整至正常方式。

为方便说明，本章典型任务结合沙园变实际接线给出，如图 4-1 所示。

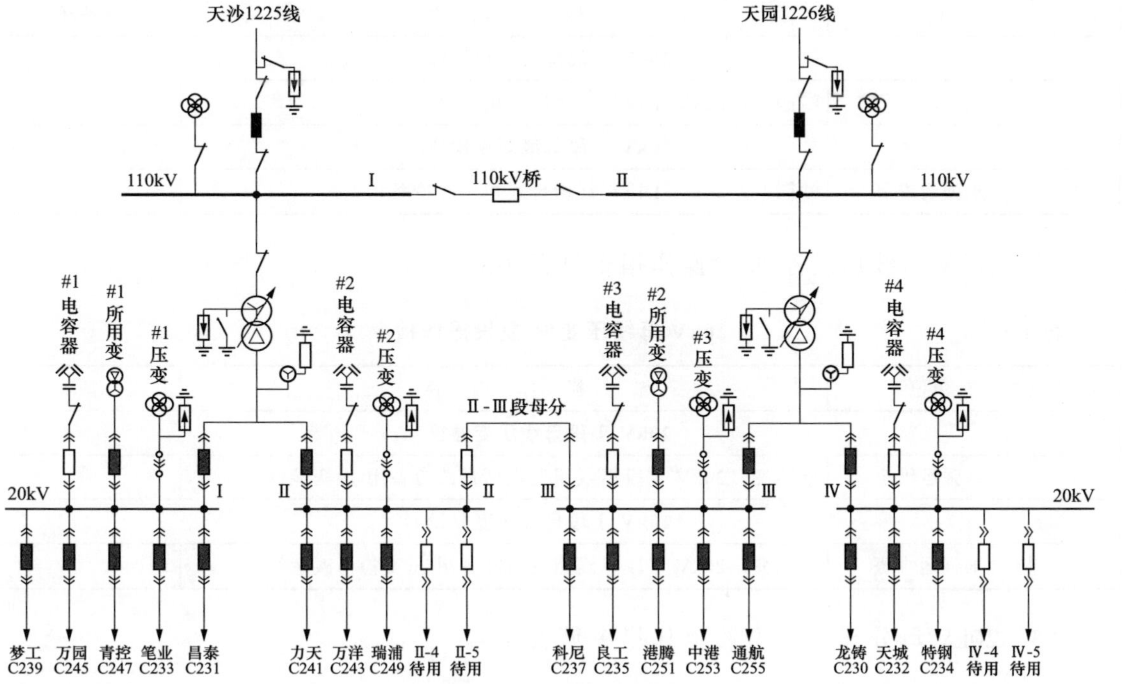

图 4-1　沙园变示意

20kV 线路停/复役操作指令见表 4-1。

表 4-1　　20kV 线路停/复役操作指令

序号	单位	操　作　内　容	备注
梦工 C239 线路停役操作			
1	配调	沙园变：梦工 C239 线由运行改热备用	
2	永强运维班	沙园变：梦工 C239 线由热备用改线路检修/开关及线路检修	
梦工 C239 线路复役操作			
1	永强运维班	沙园变：梦工 C239 线由线路检修/开关及线路检修改热备用	
2	配调	沙园变：梦工 C239 线由热备用改运行	

二、20kV 母线及母线设备停/复役

当母线改为检修状态时，母线压变由现场自行调整为冷备用状态，当母线为冷备用状态时，母线压变由现场自行调整为运行状态，若母线压变和母线均有工作需改检修状态时，需在母线改检修后备注电压互感器改检修。

操作指令如下：

（1）20kV 母线停/复役操作指令见表 4-2。

表 4-2　　20kV 母线停/复役操作指令

序号	单位	操 作 内 容	备注
20kV Ⅰ段母线停役操作			
1	永强运维班	沙园变：20kV Ⅰ段母线由冷备用改母线检修	
20kV Ⅰ段母线复役操作			
1	永强运维班	沙园变：20kV Ⅰ段母线由母线检修改冷备用	

（2）20kV 母线压变停/复役操作指令见表 4-3。

表 4-3　　20kV 母线压变停/复役操作指令

序号	单位	操 作 内 容	备注
20kV Ⅰ段母线压变停役			
1	永强运维班	沙园变：20kV Ⅰ段母线压变由运行改冷备用/压变检修	
20kV Ⅰ段母线压变复役			
1	永强运维班	沙园变：20kV Ⅰ段母线压变由冷备用/压变检修改运行	

（3）20kV 母分开关停/复役操作指令见表 4-4。

表 4-4　　20kV 母分开关停/复役操作指令

序号	单位	操 作 内 容	备注
20kV Ⅱ-Ⅲ段母分开关停役			
1	地调	沙园变：许可 20kV Ⅱ-Ⅲ段母分开关改冷备用/开关检修	
2	永强运维班	沙园变：20kV Ⅱ-Ⅲ段母分开关由运行/热备用改冷备用/开关检修	
20kV Ⅱ-Ⅲ段母分开关复役			
1	地调	沙园变：许可 20kV Ⅱ-Ⅲ段母分开关改热备用/运行	
2	永强运维班	沙园变：20kV Ⅱ-Ⅲ段母分开关由冷备用/开关检修改热备用/运行	

（4）20kV 电容器停/复役操作指令见表 4-5。

表 4-5　　20kV 电容器停/复役操作指令

序号	单位	操 作 内 容	备注
20kV #1 电容器停役			
1	永强运维班	沙园变：20kV #1 电容器由热备用改冷备用/电容器检修/开关及电容器检修	
20kV #1 电容器复役			
1	永强运维班	沙园变：20kV #1 电容器由热备用/冷备用/电容器检修/开关及电容器检修改热备用	

（5）所用变（接地变）停/复役操作指令见表4-6。

表4-6　　所用变（接地变）停/复役操作指令

序号	单位	操　作　内　容	备注
20kV #1所用变（接地变）停役			
1	永强运维班	沙园变：许可#1所用变（接地变）停役	如有特定要求，需指明具体安措
20kV #1所用变（接地变）复役			
1	永强运维班	沙园变：许可#1所用变（接地变）复役	

第二节　二次设备运行操作

一、线路微机保护

（1）线路保护停役时，县（配）调仅操作发令或操作许可到信号状态，厂站值班人员根据需要自行调整微机保护停役状态（信号、停用）。线路微机保护复役操作前，厂站值班人员自行调整微机保护信号状态，由县（配）调操作发令或操作许可恢复到跳闸状态。

（2）整套线路保护包括线路重合闸的，该线路保护的停役操作，应包括停用线路重合闸；该线路微机保护的复役操作，应包括用上线路重合闸。线路重合闸与线路保护独立的，线路保护的停、复役操作不应包括线路重合闸的投、退。

（3）一般情况下，微机保护保持跳闸位置，保护带负荷试验也保持跳闸位置。

线路微机保护操作指令见表4-7。

表4-7　　线路微机保护操作指令

序号	单位	操　作　内　容	备注
梦工C239线保护停役			
1	永强运维班	沙园变：梦工C239线保护由跳闸改信号	
梦工C239线保护复役			
1	永强运维班	沙园变：梦工C239线保护由信号改跳闸	

二、母分开关保护

母分开关保护操作指令见表4-8。

表4-8　　母分开关保护操作指令

序号	单位	操　作　内　容	备注
20kV Ⅱ-Ⅲ段母分开关保护投入			
1	永强运维班	沙园变：20kV Ⅱ-Ⅲ段母分开关保护由信号改跳闸	

续表

序号	单位	操　作　内　容	备注
20kV Ⅱ-Ⅲ段母分开关保护退出			
1	永强运维班	沙园变：20kV Ⅱ-Ⅲ段母分开关保护由跳闸改信号	

三、备自投装置

备自投装置操作指令见表 4-9。

表 4-9　　备自投装置操作指令

序号	单位	操　作　内　容	备注
20kV Ⅱ-Ⅲ段备自投投入			
1	永强运维班	沙园变：20kV Ⅱ-Ⅲ段备自投由信号改跳闸	
20kV Ⅱ-Ⅲ段备自投退出			
1	永强运维班	沙园变：20kV Ⅱ-Ⅲ段备自投由跳闸改信号	

四、小电阻接地装置

小电阻接地装置操作指令见表 4-10。

表 4-10　　小电阻接地装置操作指令

序号	单位	操　作　内　容	备注
#1 主变小电阻接地装置投入			
1	永强运维班	沙园变：#1 主变小电阻接地装置由信号改跳闸	
#1 主变小电阻接地装置退出			
1	永强运维班	沙园变：#1 主变小电阻接地装置由跳闸改信号	

五、重合闸

（1）温州电网 20kV 运行线路一般情况下均投三重方式。

（2）整套线路保护包括线路重合闸的，该线路保护的停役操作，应包括停用线路重合闸；该线路保护的复役操作，应包括用上线路重合闸。线路重合闸与线路保护独立的，线路保护的停、复役操作不应包括线路重合闸的投、退。

重合闸操作指令见表 4-11。

表 4-11　　重合闸操作指令

序号	单位	操　作　内　容	备注
梦工 C239 线重合闸投入			
1	永强运维班	沙园变：梦工 C239 线重合闸由信号改跳闸	

续表

序号	单位	操　作　内　容	备注
梦工 C239 线重合闸退出			
1	永强运维班	沙园变：梦工 C239 线重合闸由跳闸改信号	

六、电容器保护

电容器保护操作指令见表 4-12。

表 4-12　　电容器保护操作指令

序号	单位	操　作　内　容	备注
20kV #1 电容器保护停役			
1	永强运维班	沙园变：20kV#1 电容器保护由跳闸改信号	
20kV #1 电容器保护复役			
1	永强运维班	沙园变：20kV#1 电容器保护由信号改跳闸	

第五章　10kV 操作指令典型任务票

本章主要介绍温州地区 10kV 电压等级相关设备的典型操作，10kV 电压等级的设备主要是县、配调调度，综合考虑县、配调以往的操作形式，就这个章节做了统一。为了方便说明，选取了教育变作为典型变电站进行说明。

第一节　一次设备运行操作

一、10kV 线路停/复役操作

如图 5-1 所示，10kV 线路的停、复役操作，由县（配）调值班调度员发布操作指令完成线路的停、复役及相关保护调整操作。

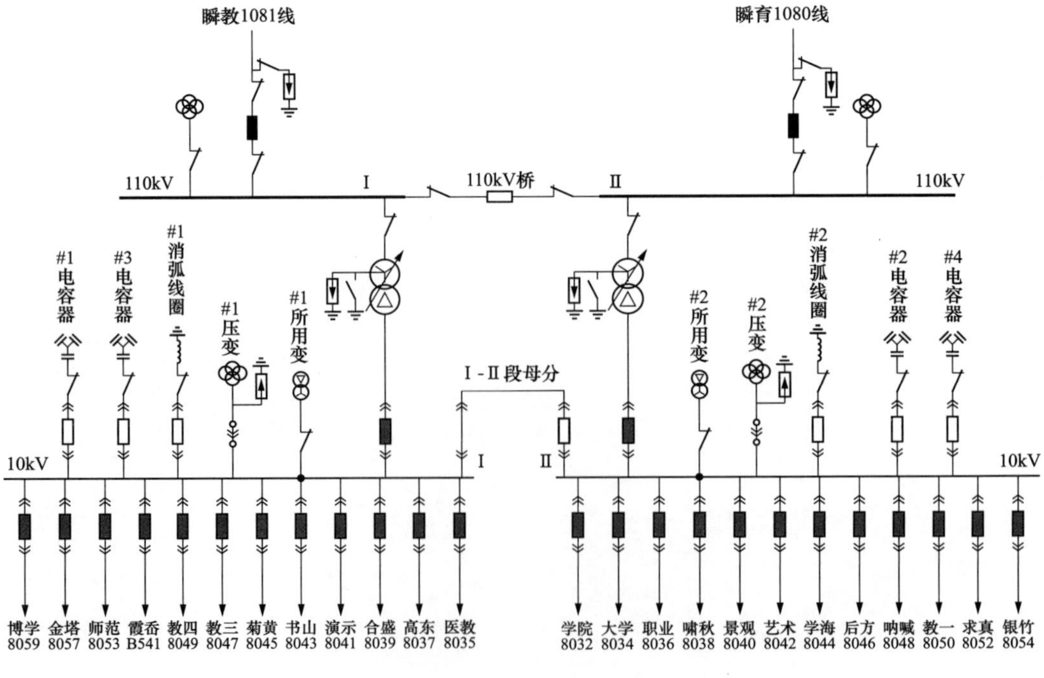

图 5-1　教育变示意

10kV 线路停/复役操作指令见表 5-1。

表 5-1　　**10kV 线路停/复役操作指令**

序号	单位	操　作　内　容	备注
		霞岙 B541 线路停役操作	
1	配调	教育变：霞岙 B541 线由运行改热备用	
2	蒲州运维班	教育变：霞岙 B541 线由热备用改线路检修/开关及线路检修	
		霞岙 B541 线路复役操作	
1	蒲州运维班	教育变：霞岙 B541 线由线路检修/开关及线路检修改热备用	
2	配调	教育变：霞岙 B541 线由热备用改运行	

二、10kV 母线及母线设备停/复役操作

当母线改为检修状态时，母线压变由现场自行调整为冷备用状态，当母线为冷备用状态时，母线压变由现场自行调整为运行状态，若母线压变和母线均有工作需改检修状态时，需在母线改检修后备注电压互感器改检修。

操作指令方式

（1）10kV 母线停/复役操作指令见表 5-2。

表 5-2　　**10kV 母线停/复役操作指令**

序号	单位	操　作　内　容	备注
		10kV Ⅰ段母线停役操作	
1	蒲州运维班	教育变：10kV Ⅰ段母线由冷备用改母线检修	
		10kV Ⅰ段母线复役操作	
1	蒲州运维班	教育变：10kV Ⅰ段母线由母线检修改冷备用	

（2）10kV 母线压变停/复役操作指令见表 5-3。

表 5-3　　**10kV 母线压变停/复役操作指令**

序号	单位	操　作　内　容	备注
		10kV Ⅰ段母线压变停役	
1	蒲州运维班	教育变：10kV Ⅰ段母线压变由运行改冷备用/检修	
		10kV Ⅰ段母线压变复役	
1	蒲州运维班	教育变：10kV Ⅰ段母线压变由冷备用/检修改运行	

（3）10kV 母分开关停/复役操作指令见表 5-4。

表 5-4　　**10kV 母分开关停/复役操作指令**

序号	单位	操　作　内　容	备注
		10kV Ⅰ-Ⅱ母分开关停役	
1	地调	教育变：许可 10kV Ⅰ-Ⅱ母分开关改冷备用/开关检修	

续表

序号	单位	操作内容	备注
2	蒲州运维班	教育变：10kV Ⅰ-Ⅱ母分开关由运行/热备用改冷备用/开关检修	
10kV Ⅰ-Ⅱ母分开关复役			
1	地调	教育变：许可 10kV Ⅰ-Ⅱ母分开关改热备用/运行	
2	蒲州运维班	教育变：10kV Ⅰ-Ⅱ母分开关由冷备用/开关检修改热备用/运行	

（4）10kV 电容器停/复役操作指令见表 5-5。

表 5-5　　10kV 电容器停/复役操作指令

序号	单位	操作内容	备注
10kV #1 电容器停役			
1	蒲州运维班	教育变：10kV#1 电容器由热备用改冷备用/电容器检修/开关及电容器检修	
10kV #1 电容器复役			
1	蒲州运维班	教育变：10kV#1 电容器由冷备用/电容器检修/开关及电容器检修改热备用	

（5）所用变（接地变）停/复役操作指令见表 5-6。

表 5-6　　所用变（接地变）停/复役操作指令

序号	单位	操作内容	备注
10kV #1 所用变（接地变）停役			
1	蒲州运维班	教育变：许可 10kV#1 所用变（接地变）停役	如有特定要求，需指明具体安措
10kV #1 所用变（接地变）复役			
1	蒲州运维班	教育变：许可 10kV#1 所用变（接地变）复役	

第二节　二次设备运行操作

一、线路保护

（1）线路保护停役时，县（配）调仅操作发令或操作许可到信号状态，厂站值班人员根据需要自行调整微机保护停役状态（信号或停用）。线路保护复役操作前，厂站值班人员自行调整微机保护信号状态，由县（配）调操作发令或操作许可恢复到跳闸状态。

（2）整套线路保护包括线路重合闸的，该线路保护的停役操作，应包括停用线路重合闸；该线路保护的复役操作，应包括用上线路重合闸。线路重合闸与线路保护独立的，线路保护的停、复役操作不应包括线路重合闸的投、退。

（3）一般情况下，线路保护保持跳闸位置，保护带负荷试验也保持跳闸位置。

线路保护操作指令见表 5-7。

表 5-7　　线路保护操作指令

序号	单位	操作内容	备注
霞岙 B541 线保护停役			
1	蒲州运维班	教育变：霞岙 B541 线保护由跳闸改信号	
霞岙 B541 线保护复役			
1	蒲州运维班	教育变：霞岙 B541 线保护由信号改跳闸	

二、母分开关保护

母分开关保护操作指令见表 5-8。

表 5-8　　母分开关保护操作指令

序号	单位	操作内容	备注
10kV Ⅰ-Ⅱ母分开关保护投入			
1	蒲州运维班	教育变：10kV 母分开关保护由信号改跳闸	
10kV Ⅰ-Ⅱ母分开关保护退出			
1	蒲州运维班	教育变：10kV 母分开关保护由跳闸改信号	

三、备自投装置

备自投装置操作指令见表 5-9。

表 5-9　　备自投装置操作指令

序号	单位	操作内容	备注
10kV 备自投投入			
1	蒲州运维班	教育变：10kV 备自投由信号改跳闸	
10kV 备自投退出			
1	蒲州运维班	教育变：10kV 备自投由跳闸改信号	

四、重合闸

（1）温州电网 10kV 运行线路一般情况下均投三重方式。

（2）整套线路保护包括线路重合闸的，该线路保护的停役操作，应包括停用线路重合闸；该线路保护的复役操作，应包括用上线路重合闸。线路重合闸与线路保护独立的，线路保护的停、复役操作不应包括线路重合闸的投、退。

重合闸操作指令见表 5-10。

表 5-10　　重合闸操作指令

序号	单位	操　作　内　容	备注
霞岙 B541 线重合闸投入			
1	蒲州运维班	教育变：霞岙 B541 线重合闸由信号改跳闸	
霞岙 B541 线重合闸退出			
1	蒲州运维班	教育变：霞岙 B541 线重合闸由跳闸改信号	

五、电容器保护

电容器保护操作指令见表 5-11。

表 5-11　　电容器保护操作指令

序号	单位	操　作　内　容	备注
10kV #1 电容器保护停役			
1	蒲州运维班	教育变：10kV#1 电容器保护由跳闸改信号	
10kV #1 电容器保护复役			
1	蒲州运维班	教育变：10kV#1 电容器保护由信号改跳闸	

六、低频低压减载装置

低频低压减载装置操作指令见表 5-12。

表 5-12　　低频低压减载装置操作指令

序号	单位	操　作　内　容	备注
10kV Ⅰ-Ⅱ段低频低压减载装置停役			
1	X 变运维班	X 变：10kV Ⅰ-Ⅱ段低频低压减载装置由跳闸改信号	
10kV Ⅰ-Ⅱ段低频低压减载装置复役			
1	X 变运维班	X 变：10kV Ⅰ-Ⅱ段低频低压减载装置由信号改跳闸	

第六章　操作许可典型任务票

许可调度设备指运行状态变化对上级调度机构直调系统运行影响较大的下级调度机构直调设备，应纳入上级调度机构许可调度，简称许可设备。许可设备范围的确定和调整由上级调度机构确定。许可设备状态计划性变更前，应申请上级调度机构许可；许可设备状态发生改变，应及时汇报上级调度机构。

地调操作许可主要涉及发电厂、用户变以及变电站相关下级调度设备，县（配）调操作许可涉及范围和地调类似，主要区别于电压等级和管辖范围上。

第一节　220kV 操作许可典型任务票

220kV 涉及的操作许可只有牵引变，温州电网目前只有三座牵引变，分别为温牵变、苍牵变、五牵变，这三座变电站均为线变组接线，其主变的停复役需要地调发布“操作许可”令。

220kV 主变停/复役操作指令见表 6-1。

表 6-1　　220kV 主变停/复役操作指令

序号	单位	操　作　内　容	备注
X 变#1 主变停役			
1	上铁调	X 变：许可#1 主变停役	
X 变#1 主变复役			
1	上铁调	X 变：许可#1 主变复役	

第二节　110kV 操作许可典型任务票

一、县域 110kV 变电站操作许可典型操作票

（1）一次设备的操作许可典型操作票。县域 110kV 变电站接线方式主要为三种形式，即内桥接线、单母分段、线路变压器组。内桥接线变电站的两回进线开关、110kV 桥开

关以及主变压器均由地调操作许可；单母分段及线路变压器组变电站，只有主变压器由地调操作许可。

110kV 变电站一次设备停/复役操作指令见表 6-2。

表 6-2　　110kV 变电站一次设备停/复役操作指令

序号	单位	操　作　内　容	备注
Y 变 XY1001 线停役			
1	B 县县调	Y 变：许可 XY1001 线由运行/热备用改冷备用/开关检修	
2	B 县县调	Y 变：许可 XY1001 线由冷备用/开关检修改线路检修/开关及线路检修	待 X 站 XY1001 线改至冷备用
Y 变 XY1001 线复役			
1	B 县县调	Y 变：许可 XY1001 线由线路检修/开关及线路检修改冷备用/开关检修	待 X 站 XY1001 线改至冷备用
2	B 县县调	Y 变：许可 XY1001 线由冷备用/开关检修改热备用/运行	待 X 站 XY1001 线改至运行
Y 变 110kV 桥开关停役			
1	B 县县调	Y 变：许可 110kV 桥开关由热备用改冷备用/开关检修	
Y 变 110kV 桥开关复役			
1	B 县县调	Y 变：许可 110kV 桥开关由冷备用/开关检修改热备用	
Y 变#1 主变停役			
1	B 县县调	Y 变：许可#1 主变停役	
Y 变#1 主变复役			
1	B 县县调	Y 变：许可#1 主变复役	

（2）二次设备的操作许可典型操作票。县域 110kV 变电站涉及操作许可的二次设备有 110kV 备自投和 110kV 母线故障解列装置两种。

110kV 变电站二次设备停/复役操作指令见表 6-3。

表 6-3　　110kV 变电站二次设备停/复役操作指令

序号	单位	操　作　内　容	备注
Y 变 110kV 备自投停役			
1	B 县县调	Y 变：许可 110kV 备自投由跳闸改信号	
Y 变 110kV 备自投复役			
1	B 县县调	Y 变：许可 110kV 备自投由信号改跳闸	
Y 变 110kV Ⅰ段母线故障解列装置停役			
1	B 县县调	Y 变：许可 110kV Ⅰ段母线故障解列装置由跳闸改信号	
Y 变 110kV Ⅰ段母线故障解列装置复役			
1	B 县县调	Y 变：许可 110kV Ⅰ段母线故障解列装置由信号改跳闸	

二、110kV发电厂操作许可典型操作票

线变组接线、单母或单母分段接线的发电厂，地调只对主变发操作许可令。

110kV 发电厂主变停/复役操作指令见表 6-4。

表 6-4　　110kV 发电厂主变停/复役操作指令

序号	单位	操　作　内　容	备注
XX 电厂#1 主变停役			
1	直调电厂	XX 电厂：许可#1 主变停役	
XX 电厂#1 主变复役			
1	直调电厂	XX 电厂：许可#1 主变复役	

三、110kV用户变操作许可典型操作票

线变组接线的用户变主变由地调许可操作，单母分段接线的用户变 110kV 母分开关由地调许可操作。

用户变设备停/复役操作指令见表 6-5。

表 6-5　　用户变设备停/复役操作指令

序号	单位	操　作　内　容	备注
XX 变#1 主变停役			
1	用户变	XX 变：许可#1 主变停役	
XX 变#1 主变复役			
1	用户变	XX 变：许可#1 主变复役	
XX 变 110kV 母分开关停役			
1	用户变	XX 变：许可 110kV 母分开关由热备用改冷备用/开关检修	
XX 变 110kV 母分开关复役			
1	用户变	XX 变：许可 110kV 母分开关由冷备用/开关检修改热备用	

第三节　35kV操作许可典型任务票

一、220kV变电站35kV母线的所用变/接地变和500kV变电站地调管辖线路供电的所用变

用户变停/复役操作指令见表 6-6。

表 6-6　　所用变停/复役操作指令

序号	单位	操　作　内　容	备注
		X 变#1 所用变/接地变停役	
1	X 变运维班	X 变：许可#1 所用变/接地变停役	
		X 变#1 所用变/接地变复役	
1	X 变运维班	X 变：许可#1 所用变/接地变复役	

二、县域 220kV 变电站 35kV 出线

县域 220kV 变电站 35kV 线路停/复役操作指令见表 6-7。

表 6-7　　县域 220kV 变电站 35kV 线路停/复役操作指令

序号	单位	操　作　内　容	备注
		X 变 XY3001 线停役	
1	B 县县调	X 变：许可 XY3001 线停役	
		X 变 XY3001 线复役	
1	B 县县调	X 变：许可 XY3001 线复役	

三、35kV 发电厂主变

35kV 发电厂主变停/复役操作指令见表 6-8。

表 6-8　　35kV 发电厂主变停/复役操作指令

序号	单位	操　作　内　容	备注
		X 变#1 主变停役	
1	用户变	XX 电厂：许可#1 主变停役	
		X 变#1 主变复役	
1	用户变	XX 电厂：许可#1 主变复役	

第四节　20kV 操作许可典型任务票

市区 110kV 变电站配置 20kV 母分开关，此开关的停复役由地调操作许可。20kV 母分开关停/复役操作指令见表 6-9。

表 6-9　　20kV 母分开关停/复役操作指令

序号	单位	操　作　内　容	备注
		X 变 20kV 母分开关停役	
1	配调	X 变：许可 20kV 母分开关改冷备用/开关检修	

续表

序号	单位	操　作　内　容	备注
X 变 20kV 母分开关复役			
1	配调	X 变：许可 20kV 母分开关改热备用/运行	

第五节　10kV 操作许可典型任务票

（1）市区 110kV 变电站配置 10kV 母分开关，此开关的停复役由地调操作许可。

10kV 母分开关停/复役操作指令见表 6-10。

表 6-10　　10kV 母分开关停/复役操作指令

序号	单位	操　作　内　容	备注
X 变 10kV 母分开关停役			
1	配调	X 变：许可 10kV 母分开关改冷备用/开关检修	
X 变 10kV 母分开关复役			
1	配调	X 变：许可 10kV 母分开关改热备用/运行	

（2）市区 110kV 变电站的 10kV 母分开关配置过流保护，需要地调操作许可停复役。

10kV 母分过流保护操作指令见表 6-11。

表 6-11　　10kV 母分过流保护操作指令

序号	单位	操　作　内　容	备注
X 变 10kV 母分过流保护停役			
1	配调	X 变：许可 10kV 母分过流保护改信号	
X 变 10kV 母分过流保护复役			
1	配调	X 变：许可 10kV 母分过流保护改跳闸	

（3）市区 110kV 变电站的 10kV 母线配置低频低压减载装置，需要地调许可操作停复役。

10kV 低频低压减载装置操作指令见表 6-12。

表 6-12　　10kV 低频低压减载装置操作指令

序号	单位	操　作　内　容	备注
X 变 10kV Ⅰ-Ⅱ段低频低压减载装置停役			
1	B 县县调	X 变：许可 10kV Ⅰ-Ⅱ段低频低压减载装置由跳闸改信号	
X 变 10kV Ⅰ-Ⅱ段低频低压减载装置复役			
1	B 县县调	X 变：许可 10kV Ⅰ-Ⅱ段低频低压减载装置由信号改跳闸	

第七章　许可设备的典型任务票

温州电网存在一些特殊接线方式的厂站，这些厂站的设备发令与常规厂站的发令有所区别，本章就一些特殊接线方式的发令做简单说明。

第一节　220kV 许可设备的典型操作

PASS MO 把气体绝缘的断路器、隔离开关、电流互感器和套管全部组合在一个共用的密封舱内，省去了普通隔离开关及电流互感器，因此其占地面积相对较常规的开关站小，灵活性、可靠性高，易于安装和维护。由于 PASS M0 设备结构紧凑，使得其开关检修状态的定义与常规不同，对其运行、检修的管理及要求有别于常规的敞开式变电站，在操作形式中缺少直接改开关检修的形式，其余操作跟完整接线一样。目前温州电网内采用 PASS MO 设备的变电站有鞋都变、城中变、滨海变。

下面就鞋都变接线图进行说明，如图 7-1 所示。

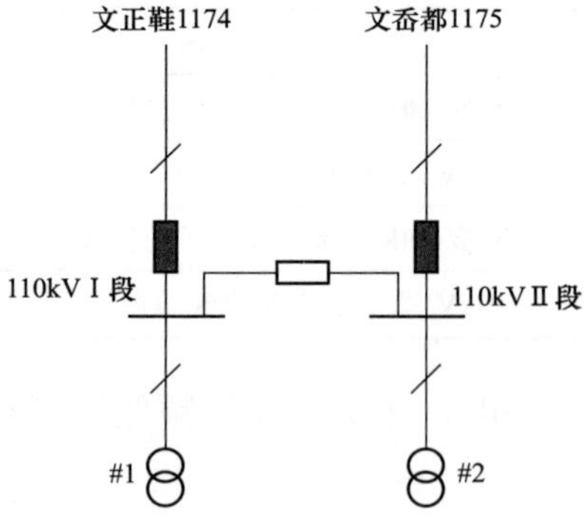

图 7-1　鞋都变示意

鞋都变进线开关改开关检修操作指令见表 7-1。

表 7-1　　鞋都变进线开关改开关检修操作指令

序号	单位	操 作 内 容	备注
鞋都变文正鞋 1174 线改开关检修			
1	城西运维班	鞋都变：#1 主变由运行改冷备用	

续表

序号	单位	操　作　内　容	备注
2	城西运维班	鞋都变：文正鞋 1174 线由热备用改冷备用	
3	城西运维班	鞋都变：110kV 桥开关由热备用改冷备用	
4	城西运维班	鞋都变：110kV Ⅰ段母线由冷备用改母线检修	
5	城西运维班	鞋都变：文正鞋 1174 线由冷备用改开关检修	
鞋都变文正鞋 1174 线改运行			
1	城西运维班	鞋都变：文正鞋 1174 线由开关检修改冷备用	
2	城西运维班	鞋都变：110kV Ⅰ段母线由母线检修该冷备用	
3	城西运维班	鞋都变：文正鞋 1174 线由冷备用改热备用	
4	城西运维班	鞋都变：#1 主变由冷备用改运行	
5	城西运维班	鞋都变：110kV 桥开关由冷备用改热备用	

第二节　110kV 许可设备的典型操作

一般正常接线的主变，主变和主变开关之间都有闸刀断开，在主变和开关需改检修时，先将主变发令改至主变检修，再发令主变开关改至开关检修。但是在一些特殊厂站，主变与开关之间缺一把闸刀，这样在主变和开关需改检修时，发综合令一步到位。

特殊主变操作指令见表 7-2。

表 7-2　　特殊主变操作指令

序号	单位	操　作　内　容	备注
#1 主变改主变及 10kV 开关检修			
1	X 变运维班	X 变：#1 主变由运行改主变及 10kV 开关检修	
#1 主变改运行			
1	X 变运维班	X 变：#1 主变由主变及 10kV 开关检修改运行	

第三节　35kV 许可设备的典型操作

温州电网存在两种特殊的电抗器：一种是电抗器带中性点开关，另一种是电抗器带首端开关。与一般电抗器比较，前者多了充电状态，即中性点开关拉开位置，后者多了首端开关热备用，及首端开关拉开位置。下面就这两种电抗器进行说明。

（1）电抗器带中性点开关，如图 7-2 所示。

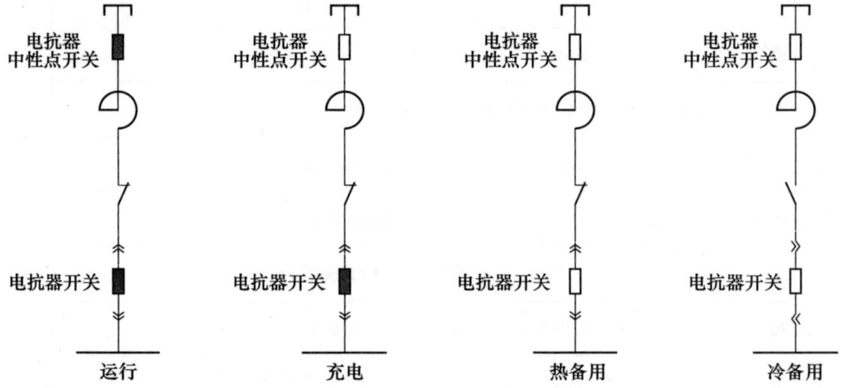

图 7-2　电抗器带中性点开关示意

电抗器带中性点开关停/复役操作指令见表 7-3。

表 7-3　　电抗器带中性点开关停/复役操作指令

序号	单位	操　作　内　容	备注
#1 电抗器停役			
1	A 调监控	X 变：#1 电抗器由充电改热备用	电抗器由运行改充电不发令，监控自行操作
2	X 变运维班	X 变：#1 电抗器由热备用改电抗器检修/开关及电抗器检修	
#1 电抗器复役			
1	X 变运维班	X 变：#1 电抗器由电抗器检修/开关及电抗器检修改热备用	
2	A 调监控	X 变：#1 电抗器由热备用改充电	

（2）电抗器带首端开关，如图 7-3 所示。

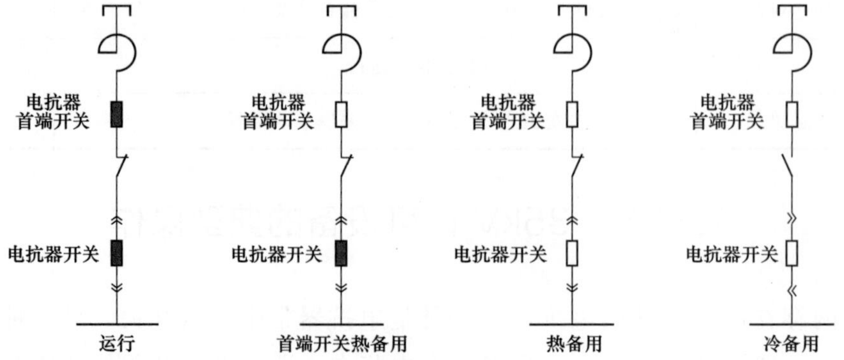

图 7-3　电抗器带首端开关示意

电抗器带首端开关停/复役操作指令见表 7-4。

表 7-4　　电抗器带首端开关停/复役操作指令

序号	单位	操　作　内　容	备注
#1 电抗器停役			
1	A 调监控	X 变：#1 电抗器由首端开关热备用改热备用	电抗器由运行改首端开关热备用不发令，监控自行操作
2	X 变运维班	X 变：#1 电抗器由热备用改电抗器检修/开关及电抗器检修	
#1 电抗器复役			
1	X 变运维班	X 变：#1 电抗器由电抗器检修/开关及电抗器检修改热备用	
2	A 调监控	X 变：#1 电抗器由热备用改首端开关热备用	

附录A 温州电网融冰调度处置预案

温州电网曾遭遇严重的冰雪灾害，影响电网稳定运行。因此制定了《温州电网融冰调度处置预案》，以应对灾害带来的影响。下面就滩文2340线进行预案的讲解。

一、操作流程

滩文2340线有融冰现象，需进行紧急融冰处理。

输电运检室汇报地调：滩文2340线线路覆冰严重，申请对滩文2340线进行直流融冰。

地调汇报省调：滩文2340线线路覆冰，申请滩文2340线线路进行直流融冰，融冰侧定为文武变。

省调：将滩文2340线线路两侧改至直流融冰状态。

地调：文武变#1电容器由热备用改开关及电容器检修，并移交省调。

省调：将直流融冰装置移交现场。

省调汇报融冰总指挥；滩文2340线两侧已处直流融冰状态，线路具备直流融冰条件。

融冰期间，禁止对文武变#1电容器进行投切操作。

融冰总指挥告省调：滩文2340线融冰工作结束，线路可恢复正常运行，对#1电容器投切操作已无要求。

省调：将滩文2340线两侧改运行，并文武变#1电容器移交地调。

地调：文武变#1电容器由开关及电容器检修改热备用。

操作指令方式见附表A。

附表A　　直流融冰方案操作指令

序号	单位	操作内容	备注
#1电容器配合直流融冰电源点接入			
1	城西运维班	文武变：#1电容器由热备用改开关及电容器检修	
2	城西运维班	文武变：核对#1电容器保护2区已执行调〔2013〕字0890号定值单	
3	总指挥	融冰总指挥：文武变#1电容器已处开关及电容器检修，现将文武变#1电容器及其开关（包括电容器保护定值切换）移交融冰总指挥调度	
4	城西运维班	文武变：#1电容器及其开关（包括电容器保护定值切换）移交融冰总指挥调度	

续表

序号	单位	操 作 内 容	备注
#1 电容器配合直流融冰电源点拆除			
1	总指挥	融冰总指挥：汇报融冰相关工作已结束，文武变#1 电容器处开关及电容器检修（1 区），现将文武变#1 电容器及其开关移交地调调度	
2	城西运维班	文武变：#1 电容器及其开关移交地调调度，现#1 电容器处开关及电容器检修状态，具备复役条件	
3	城西运维班	文武变：#1 电容器由开关及电容器检修改热备用	

二、风险分析

（1）滩文 2340 线若停役融冰，停役后滩坑电厂出力转由骄滩 2Q81 线送出，线路运行限额 594MW，调度台需严格控制负荷，防止骄滩 2Q81 线线路过载情况的发生。

（2）若滩文 2340 线停役后会出现断面越限的情况，将仰义变改为马文义 1170 线一线带两变运行方式，将官庄变、巨溪变改为城官巨 1959 线一线带两变运行方式，使文武变负荷转移至马岙变、城西变。

（3）融冰期间，相关部门应加强监测周边电网和一、二次设备（包括融冰闸刀、短接器）的运行情况，若有异常，立即向省调汇报，省调可根据电网情况停止融冰工作。

附录B　浙江电网特高压直流闭锁温州地调处置预案

一、宾金直流双极闭锁处置预案

宾金直流双极闭锁失却大功率后，系统频率下降，电压大幅变化，主要断面潮流超稳定限额，同时全省发用电平衡存在较大缺口。调度处置按控制要求，时间节点分三个阶段开展。

1. 事故后第一阶段（0～30min内）

控制要求：事故发生后10min内，省调确定拉限电数量、等级，下达拉限电指令，温州地调执行宾金直流事故第一阶段拉限电×万 kW，要求接令15min内执行到位。地调要确保重要用户供电，拉电条次多时要求批处理完成。

处理过程：

（1）接到省调执行宾金直流事故第一阶段拉限电×万 kW 调度令后，启动浙江电网特高压直流闭锁温州地调处置预案。

（2）地调对监控发令“执行宾金直流事故第一阶段拉限电×万 kW”，监控在OPEN3000 系统“特高压直流事故负荷批量控制”上直接执行遥控操作。（为加快事故拉限电速度，本操作不按具体变电站和设备名称进行接发令，直接以综合命令形式执行）

（3）执行完毕后汇报省调“温州地调宾金直流事故第一阶段拉限电×万 kW 执行完毕”。（15min内执行到位并汇报）

（4）通知相关县（配）调调控值班人员做好与配网抢修指挥专业的停电信息传递工作。

（5）按照《国网温州供电公司电网、设备突发事件处置方案》规定，电话通知相关供电抢修服务中心、电力调度控制中心、安全监察质量部（保卫部）、运维检修部和总值班室相关人员。短信通知分管生产副总经理、分管营销副总经理，供电抢修服务中心、电力调度控制中心、营销部、安全监察质量部（保卫部）、运维检修部、总值班室等部门负责人和相关专职，并通知运维检修部判定该事件为Ⅴ级电网突发事件。

（6）相关县调在未得到地调的同意前，不得将停电线路进行送电或转供。

2. 事故后第二阶段（30min后）

控制要求：在第二阶段，省调确定拉限电数量、等级，下达拉限电指令，执行宾金直流事故第二阶段拉限电×万 kW，要求全省拉限电总量200万 kW 以内的各地调25min执行到位，全省拉限电总量200万 kW 以上的45min执行到位。

处理过程：

（1）接到省调执行宾金直流事故第二阶段拉限电×万 kW 调度令后，继续执行浙江电网特高压直流闭锁温州地调处置预案。

（2）地调对监控发令“执行宾金直流事故第二阶段拉限电×万 kW”，监控在 OPEN3000 系统“特高压直流事故负荷批量控制”上直接执行遥控操作。（为加快事故拉限电速度，本操作不按具体变电站和设备名称进行接发令，直接以综合命令形式执行）

（3）执行完毕后汇报省调“温州地调宾金直流事故第二阶段拉限电×万 kW 执行完毕”。（全省拉限电总量 200 万 kW 以内的 25min 执行到位，全省拉限电总量 200 万 kW 以上的 45min 执行到位）

（4）通知相关县（配）调调控值班人员应做好与配网抢修指挥专业的停电信息传递工作。

（5）按照《国网温州供电公司电网、设备突发事件处置方案》规定，电话通知相关供电抢修服务中心、电力调度控制中心、安全监察质量部（保卫部）、运维检修部和总值班室相关人员。短信通知分管生产副总经理、分管营销副总经理，供电抢修服务中心、电力调度控制中心、营销部、安全监察质量部（保卫部）、运维检修部、总值班室等部门负责人和相关专职。

（6）相关县（配）调在未得到地调的同意前，不得将停电线路进行送电或转供。

3. 事故后第三阶段

控制要求：第一、第二阶段拉限电指令执行到位后，根据省调下发用电指标曲线，分解后下发各县（配）调。各地区按照用电指标曲线调整拉限电负荷，确保重要用户可靠供电。视宾金直流的恢复，逐步恢复拉限电负荷并取消用电指标，恢复正常电网方式。若宾金直流暂不能恢复送电，后续视直流的恢复和全省发用电平衡情况，执行相应的有序用电方案。

处理过程：

（1）省调根据电网实际可用电力资源将用电指标曲线（预留规定旋转备用）下发至地调。

（2）统计水电厂及生物质能发电厂的机组出力情况。

（3）迅速将用电指标及机组出力情况通知方式计划室相关人员，由方式计划室负责进行各县用电指标的分配工作。

（4）将方式计划室提供的用电指标下发至各县（配）调。

（5）将备用水电机组开机并网，增加生物质能发电厂机组出力。

（6）各县（配）调根据用电指标及已停电负荷的重要性，自行调整拉限电范围，但不得超指标运行。

（7）根据省调指令，逐步恢复拉限电负荷，恢复正常电网方式。

（8）恢复正常后，汇报公司生产领导，运检部、安监部、调控中心相关领导；通知供抢中心、总值班室相关人员。

二、宾金直流单级闭锁处置预案

根据《关于在运直流工程单极大地回线运行电流安全限值的修正说明》，宾金直流发生单极闭锁后，另一极应尽快将直流电流降至金属回线转换限值（2000A，即送端 160 万 kW）以下并进行转换。如果非线路永久故障并转换成功，可带电转至金属回线运行，功率回升至送端 400 万 kW；如果是线路永久故障或转换不成功，应将电流控制在安全限值或以下（单极大地回线运行电流安全限值为 3000A，即送端 240 万千瓦）。一般情况下，不需进行紧急事故拉限电。事故调度处置参照（1）宾金直流双极闭锁处理预案执行。

三、灵绍直流双极闭锁处置预案

灵绍直流双极闭锁失却大功率后，系统频率下降，电压大幅变化，主要断面潮流超稳定限额，同时全省发用电平衡存在较大缺口。调度处置按控制要求，时间节点分三个阶段开展。

1. 事故后第一阶段（0～30min 内）

控制要求：事故发生后 10min 内，省调确定拉限电数量、等级，下达拉限电指令，温州地调执行灵绍直流事故第一阶段拉限电×万 kW，要求接令 15min 内执行到位。地调要确保重要用户供电，拉电条次多时要求批处理完成。

处理过程：

（1）接到省调执行灵绍直流事故第一阶段拉限电×万 kW 调度令后，启动浙江电网特高压直流闭锁温州地调处置预案。

（2）地调对监控发令“执行灵绍直流事故第一阶段拉限电×万 kW”，监控在 OPEN3000 系统“特高压直流事故负荷批量控制”上直接执行遥控操作。（为加快事故拉限电速度，本操作不按具体变电站和设备名称进行接发令，直接以综合命令形式执行）

（3）执行完毕后汇报省调“温州地调灵绍直流事故第一阶段拉限电×万 kW 执行完毕”。（15min 内执行到位并汇报）

（4）通知相关县（配）调调控值班人员做好与配网抢修指挥专业的停电信息传递工作。

（5）按照《国网温州供电公司电网、设备突发事件处置方案》规定，电话通知相关供电抢修服务中心、电力调度控制中心、安全监察质量部（保卫部）、运维检修部和总值班室相关人员。短信通知分管生产副总经理、分管营销副总经理，供电抢修服务中心、电力调度控制中心、营销部、安全监察质量部（保卫部）、运维检修部、总值班室等部门负责人和相关专职，并通知运维检修部判定该事件为Ⅴ级电网突发事件。

（6）相关县调在未得到地调的同意前，不得将停电线路进行送电或转供。

2. 事故后第二阶段（30min后）

控制要求：在第二阶段，省调确定拉限电数量、等级，下达拉限电指令，执行灵绍直流事故第二阶段拉限电×万 kW，要求全省拉限电总量200万 kW以内的各地调25min执行到位，全省拉限电总量200万 kW以上的45min执行到位。

处理过程：

（1）接到省调执行灵绍直流事故第二阶段拉限电×万 kW调度令后，继续执行浙江电网特高压直流闭锁温州地调处置预案。

（2）地调对监控发令“执行灵绍直流事故第二阶段拉限电×万 kW”，监控在OPEN3000系统“特高压直流事故负荷批量控制”上直接执行遥控操作。（为加快事故拉限电速度，本操作不按具体变电站和设备名称进行接发令，直接以综合命令形式执行）

（3）执行完毕后汇报省调“温州地调灵绍直流事故第二阶段拉限电×万 kW执行完毕”。

（4）通知相关县（配）调调控值班人员应做好与配网抢修指挥专业的停电信息传递工作。

（5）按照《国网温州供电公司电网、设备突发事件处置方案》规定，电话通知相关供电抢修服务中心、电力调度控制中心、安全监察质量部（保卫部）、运维检修部和总值班室相关人员。短信通知分管生产副总经理、分管营销副总经理，供电抢修服务中心、电力调度控制中心、营销部、安全监察质量部（保卫部）、运维检修部、总值班室等部门负责人和相关专职。

（6）相关县（配）调在未得到地调的同意前，不得将停电线路进行送电或转供。

3. 事故后第三阶段

控制要求：第一、第二阶段拉限电指令执行到位后，根据省调下发用电指标曲线，分解后下发各县（配）调。各地区按照用电指标曲线调整拉限电负荷，确保重要用户可靠供电。视灵绍直流的恢复，逐步恢复拉限电负荷并取消用电指标，恢复正常电网方式。若灵绍直流暂不能恢复送电，后续视直流的恢复和全省发用电平衡情况，执行相应的有序用电方案。

处理过程：

（1）省调根据电网实际可用电力资源将用电指标曲线（预留规定旋转备用）下发至地调。

（2）统计水电厂及生物质能发电厂的机组出力情况。

（3）迅速将用电指标及机组出力情况通知方式计划室相关人员，由方式计划室负责进行各县用电指标的分配工作。

（4）将方式计划室提供的用电指标下发至各县（配）调。

（5）将备用水电机组开机并网，增加生物质能发电厂机组出力。

（6）各县（配）调根据用电指标及已停电负荷的重要性，自行调整拉限电范围，但不得超指标运行。

（7）根据省调指令，逐步恢复拉限电负荷，恢复正常电网方式。

（8）恢复正常后，汇报公司生产领导，运检部、安监部、调控中心相关领导；通知供抢中心、总值班室相关人员。

四、灵绍直流单级闭锁处置预案

根据《关于在运直流工程单极大地回线运行电流安全限值的修正说明》，灵绍直流发生单极闭锁后，另一极应尽快将直流电流降至金属回线转换限值（5000A，即送端 400 万 kW）以下并进行转换。如果非线路永久故障并转换成功，可带电转至金属回线运行，功率回升至送端 400 万 kW；如果是线路永久故障或转换不成功，应将电流控制在安全限值或以下（3000A，即送端 240 万 kW）。一般情况下，不需进行紧急事故拉限电。事故调度处置参照灵绍直流双极闭锁处理预案执行。

五、宾金直流、灵绍直流同时双极闭锁处置预案

宾金直流和灵绍直流同时双极闭锁，失却大额功率，可能引发第一轮低频减载动作，切除电网 3.5%的负荷；电压大幅变化；主要断面潮流超稳定限额；同时全省发用电平衡存在较大缺口。调度处置按控制要求分三个阶段开展。

1. 事故后第一阶段（0～30min 内）

控制要求：事故发生后 10min 内，省调确定拉限电数量、等级，下达拉限电指令，温州地调执行宾金、灵绍直流事故第一阶段拉限电×万 kW，要求接令 15min 内执行到位。地调要确保重要用户供电，拉电条次多时要求批处理完成。

处理过程：

（1）接到省调执行宾金、灵绍直流事故第一阶段拉限电×万 kW 调度令后，启动浙江电网特高压直流闭锁温州地调处置预案。

（2）地调对监控发令“执行宾金、灵绍直流事故第一阶段拉限电×万 kW”，监控在 OPEN3000 系统“特高压直流事故负荷批量控制”上直接执行遥控操作。（为加快事故拉限电速度，本操作不按具体变电站和设备名称进行接发令，直接以综合命令形式执行）

（3）执行完毕后汇报省调“温州地调宾金、灵绍直流事故第一阶段拉限电×万 kW 执行完毕”。（15min 内执行到位并汇报）

（4）通知相关县（配）调调控值班人员做好与配网抢修指挥专业的停电信息传递工作。

（5）按照《国网温州供电公司电网、设备突发事件处置方案》规定，电话通知相关

供电抢修服务中心、电力调度控制中心、安全监察质量部（保卫部）、运维检修部和总值班室相关人员。短信通知分管生产副总经理、分管营销副总经理，供电抢修服务中心、电力调度控制中心、营销部、安全监察质量部（保卫部）、运维检修部、总值班室等部门负责人和相关专职，并通知运维检修部判定该事件为V级电网突发事件。

（6）相关县调在未得到地调的同意前，不得将停电线路进行送电或转供。

2. 事故后第二阶段（30min后）

控制要求：在第二阶段，省调确定拉限电数量、等级，下达拉限电指令，执行灵绍直流事故第二阶段拉限电×万kW，要求全省拉限电总量200万kW以内的各地调25min执行到位，全省拉限电总量200万kW以上的45min执行到位。

处理过程：

（1）接到省调执行宾金、灵绍直流事故第二阶段拉限电×万kW调度令后，继续执行浙江电网特高压直流闭锁温州地调处置预案。

（2）地调对监控发令"执行宾金、灵绍直流事故第二阶段拉限电×万kW"，监控在OPEN3000系统"特高压直流事故负荷批量控制"上直接执行遥控操作。（为加快事故拉限电速度，本操作不按具体变电站和设备名称进行接发令，直接以综合命令形式执行）

（3）执行完毕后汇报省调"温州地调宾金、灵绍直流事故第二阶段拉限电×万 kW执行完毕"。

（4）通知相关县（配）调调控值班人员应做好与配网抢修指挥专业的停电信息传递工作。

（5）按照《国网温州供电公司电网、设备突发事件处置方案》规定，电话通知相关供电抢修服务中心、电力调度控制中心、安全监察质量部（保卫部）、运维检修部和总值班室相关人员。短信通知分管生产副总经理、分管营销副总经理，供电抢修服务中心、电力调度控制中心、营销部、安全监察质量部（保卫部）、运维检修部、总值班室等部门负责人和相关专职。

（6）相关县（配）调在未得到地调的同意前，不得将停电线路进行送电或转供。

3. 事故后第三阶段

控制要求：第一、第二阶段拉限电指令执行到位后，根据省调下发用电指标曲线，分解后下发各县（配）调。各地区按照用电指标曲线调整拉限电负荷，确保重要用户可靠供电。视宾金、灵绍直流的恢复，逐步恢复拉限电负荷并取消用电指标，恢复正常电网方式。若宾金、灵绍直流暂不能恢复送电，后续视直流的恢复和全省发用电平衡情况，执行相应的有序用电方案。

处理过程：

（1）省调根据电网实际可用电力资源将用电指标曲线（预留规定旋转备用）下发至地调。

（2）统计水电厂及生物质能发电厂的机组出力情况。

（3）迅速将用电指标及机组出力情况通知方式计划室相关人员，由方式计划室负责进行各县用电指标的分配工作。

（4）将方式计划室提供的用电指标下发至各县（配）调。

（5）将备用水电机组开机并网，增加生物质能发电厂机组出力。

（6）各县（配）调根据用电指标及已停电负荷的重要性，自行调整拉限电范围，但不得超指标运行。

（7）根据省调指令，逐步恢复拉限电负荷，恢复正常电网方式。

（8）恢复正常后，汇报公司生产领导，运检部、安监部、调控中心相关领导；通知供抢中心、总值班室相关人员。

六、复奉（锦苏）直流单（双）极闭锁处置预案

复奉（锦苏）直流单（双）极闭锁，浙江一般不会出现断面超载超限情况，故障处置主要是做好省际联络线功率控制。

控制要求：省调确定拉限电数量、等级，下达拉限电指令，温州地调执行复奉（锦苏）直流事故第一阶段拉限电×万 kW，要求接令 25min 内执行到位。地调要确保重要用户供电，拉电条次多时要求批处理完成。

处理过程：

（1）接到省调执行复奉（锦苏）直流事故第一阶段拉限电×万 kW 调度令后，启动浙江电网特高压直流闭锁温州地调处置预案。

（2）地调对监控发令“执行复奉（锦苏）直流事故第一阶段拉限电×万 kW”，监控在 OPEN3000 系统“特高压直流事故负荷批量控制”上直接执行遥控操作。（为加快事故拉限电速度，本操作不按具体变电站和设备名称进行接发令，直接以综合命令形式执行）

（3）执行完毕后汇报省调“温州地调复奉（锦苏）直流事故第一阶段拉限电×万 kW 执行完毕”。（25min 内执行到位并汇报）

（4）通知相关县（配）调调控值班人员做好与配网抢修指挥专业的停电信息传递工作。

（5）按照《国网温州供电公司电网、设备突发事件处置方案》规定，电话通知相关供电抢修服务中心、电力调度控制中心、安全监察质量部（保卫部）、运维检修部和总值班室相关人员。短信通知分管生产副总经理、分管营销副总经理，供电抢修服务中心、电力调度控制中心、营销部、安全监察质量部（保卫部）、运维检修部、总值班室等部门负责人和相关专职，并通知运维检修部判定该事件为Ⅴ级电网突发事件。

（6）相关县调在未得到地调的同意前，不得将停电线路进行送电或转供。

附录C 浙江省地区调度操作任务的形式及其内容

1.1 电气一次设备的四种状态

1.1.1 “运行状态”的设备是指设备的开关、闸刀都在合上位置，将电源端至受电端的电路接通；所有的继电保护及自动装置均在投入位置（调度有要求的除外）控制及操作回路正常。

1.1.2 “热备用状态”的设备是指设备只有开关断开，而闸刀仍在合上位置，其他同运行状态。

1.1.3 “冷备用状态”的设备是指设备的开关、闸刀都在断开位置。

1.1.3.1 “开关冷备用”，是指该开关间隔内的开关及其两侧闸刀都在断开位 置，并取下本身保护装置跳（合）其他开关压板以及其他运行保护和自动装置跳（合）该开关压板［如取下母差、失灵、主变跳母联（母分）、故障解列等压板］。

1.1.3.2 “线路冷备用”，是指开关间隔内开关、闸刀（有旁路的，应包括线路旁路闸刀）都在断开位置，取下线路压变次级熔丝，并取下本身保护装置跳（合）其他开关压板以及其他运行保护和自动装置跳（合）该线路开关压板（如取下母差、失灵、故障解列等压板）。

当线路压变闸刀连接在避雷器者，线路改冷备用操作时线路压变闸刀不拉开，只有当线路改检修状态时，才拉开线路压变闸刀。

当线路压变闸刀没有连接避雷器者，线路改冷备用状态时应把线路压变闸刀拉开后（无高压闸刀的电压互感器当低压熔丝取下后）即处于冷备用状态。

1.1.3.3 主变冷备用，是指主变各侧开关及闸刀都在断开位置（有旁路的，应包括主变旁路闸刀），退出联跳及影响运行设备的保护出口压板。

1.1.3.4 主变某侧冷备用，是指主变某侧开关及两侧闸刀都在断开位置，退出联跳及影响运行设备的保护出口压板。

1.1.3.5 母线冷备用，是指母线上所有设备的母线闸刀都在断开位置，母联或母分开关冷备用，母线压变在运行状态。

1.1.3.6 压变冷备用，是指设备的高压闸刀断开，低压熔丝取下。

1.1.4 “检修状态”的设备是指设备的所有开关、闸刀均断开，挂上接地线或合上接地闸刀，该设备即为“检修状态”。根据不同的设备分为“开关检修”“线路检修”等。

1.1.4.1 “线路检修”，是指该线路的开关、闸刀（有旁路的，应包括线路旁路闸刀）都在断开位置，如有线路压变者应将其高压开关拉开、取下低压熔丝（无高压闸刀的，取下低压熔丝），线路接地闸刀在合上位置（或装设接地线），并取下本身保护装置跳（合）其他开关压板以及其他运行保护和自动装置跳（合）该线路开关压板（如取下母差、失灵、故障解列等压板）。

1.1.4.2 “开关检修”，是指开关及其两侧闸刀均拉开，开关控制回路断开，开关的母差 TA 脱离母差回路（停用母差保护，放上短接片，取下连接片，测量或检查母差不平衡电流在允许范围，再投母差保护）。母差保护具备母差 TA 按母线闸刀位置自动切换的，应检查切换情况，然后在开关两侧或一侧合上接地闸刀（或装设接地线）。

1.1.4.3 “开关及线路检修”，是指该线路的开关、闸刀（有旁路的，应包括线路旁路闸刀）都在断开位置，如有线路压变者应将其高压闸刀拉开、取下低压熔丝（无高压闸刀的，取下低压熔丝），开关母线侧接地闸刀、线路接地闸刀在合上位置（或装设接地线）。开关的母差 TA 脱离母差回路（先停用母差，母差流变回路拆开，并短路接地，测量或检查母差不平衡电流在允许范围，再投母差保护），母差保护具备母差 TA 按母线闸刀位置自动切换的应检查切换情况。

1.1.4.4 变压器检修亦可分为“开关”或“主变”检修，即在开关两侧（或一侧）或主变压器各侧合上接地闸刀（或挂上接地线）。

主变本体运行但一侧开关检修时，则该侧接入纵差的流变二次绕组亦应脱离纵差回路并短路接地。在交流回路切换过程中应短时停用纵差保护。

线变组接线方式，对于进线开关两侧只有线路闸刀，没有主变侧闸刀，该线变组的检修状态为各侧开关及闸刀均拉开，合上各侧接地闸刀（或装设接地线）。

1.1.4.5 母线检修，是指母线的接地闸刀合上位置（或挂上接地线），母线压变冷备用或检修，其他同冷备用状态。

1.1.4.6 压变检修，是指压变与高压闸刀之间的接地闸刀在合上位置（或挂上接地线），其他同冷备用状态。

1.1.5 手车开关的几种状态

1.1.5.1 “冷备用状态”，是指开关断开，手车拉至试验位置（有隔离手车的，包括隔离手车拉至试验位置；主变开关有户外主变闸刀的包括主变闸刀断开），并取下本身保护装置跳（合）其他开关压板以及其他运行保护和自动装置跳（合）该开关压板。

1.1.5.2 “线路检修”，是指开关断开，开关手车拉至试验位置，有线路压变的其压变手车拉至试验位置（或高压闸刀拉开）、低压熔丝取下（无手车或高压闸刀的，低压熔丝取下），合上线路接地闸刀（或挂上接地线）。

1.1.5.3 “开关检修”，是指开关断开，开关手车拉至检修位置（有隔离手车的，包括隔离手车拉至检修位置、在开关手车和隔离手车之间挂上接地线；主变开关有户外主变闸刀的包括主变闸刀断开、合上开关主变侧接地闸刀或挂上接地线，电容器、电抗器开关有户外闸刀的参照执行）。

1.1.5.4 “开关及线路检修”，是指开关断开，开关手车拉至检修位置，有线路压变的其压变手车拉至试验位置（或高压闸刀拉开）、低压熔丝取下（无手车或高压开关的，低压熔丝取下），合上线路接地闸刀（或挂上接地线）。

1.1.5.5 “母线压变冷备用”， 是指母线压变手车拉至试验位置，低压回路断开。

1.1.5.6 “母线压变检修”，是指母线压变手车拉至检修位置，电压互感器固定安装的还应在压变高压侧接地，低压回路断开。

1.1.5.7 “避雷器冷备用”，是指避雷器手车拉至试验位置。

1.1.5.8 “避雷器检修”，是指避雷器手车拉至检修位置。

1.1.6 实施操作优化或程序化操作时，一次设备“冷备用状态”和“检修状态”中涉及的二次操作内容可根据专项规程优化调整。

1.2 线路操作任务的形式及其内容

1.2.1 线路操作任务的形式

1.2.1.1 ××线由正（或副）母运行改为冷备用。

1.2.1.2 ××线由冷备用改为线路检修。

1.2.1.3 ××线由冷备用改为开关及线路检修。

1.2.1.4 ××线由开关检修改为开关及线路检修。

1.2.1.5 ××线由线路检修改为开关及线路检修。

1.2.1.6 ××线由线路检修改为冷备用。

1.2.1.7 ××线由开关及线路检修改为冷备用。

1.2.1.8 ××线由开关及线路检修改为开关检修。

1.2.1.9 ××线由开关及线路检修改为线路检修。

1.2.1.10 ××线由冷备用改为正（副）母运行。

1.2.1.11 ××线由正（或副）母运行改为正（或副）母热备用。

1.2.1.12 ××线由正（或副）母热备用改为冷备用。

1.2.1.13 ××线由冷备用改为正（或副）母热备用。

1.2.1.14 ××线由正（或副）母热备用改为正（或副）母运行。

1.2.1.15 ××线由正（或副）母运行改为开关检修。

1.2.1.16 ××线由开关检修改为正（或副）母运行。

1.2.1.17 ××线由正（或副）母热备用改为开关检修。

1.2.1.18 ××线由开关检修改为正（或副）母热备用。

1.2.2 线路操作任务包含的内容

1.2.2.1 按1.1设备各种状态改变的操作步骤操作。

1.2.2.2 线路开关在冷备用时应取下其母差及失灵保护压板。当开关在检修状态或该开关间隔的母差TA回路有工作，则该线路开关的母差TA要脱离母差回路（停用母差保护，放上短接片，取下联接片，测量或检查母差不平衡电流在允许范围，再投母差保护），母差保护具备母差TA按母线闸刀位置自动切换的，应检查切换情况。

1.2.2.3 装有同期装置的线路开关，在线路改运行时，调度发令时应明确是充电还是合环或同期并列。现场不论是操作同期并列还是合环操作，同期并列装置均应投入，以防非同期事故的发生。如果调度明确是充电，现场应解同期操作。

1.2.2.4 双回路一回线停役，另一回线保护需要改单线定值，或环网线路开合环方式的变更，需要更改保护配置，调度应单独发令。

1.2.2.5 线路停役，线路的纵联保护一般不改停用。线路复役后现场值班人员自行进行通道检查。当纵联保护等有关设备工作需停用线路纵联保护时，则应由调度单独发令。

1.2.2.6 线路改检修的停复役操作应经“冷备用状态”的转换，即分两步发令。

1.3 母线操作任务的形式及其内容

1.3.1 母线的几种状态

设备名称	运行	热备用	冷备用	检修
单母线或单母线分段接线	除母线压变外任一间隔母线闸刀在合闸位置	无此状态	母分及其所有连接该母线的线路、主变本侧间隔均在冷备用。通过高压闸刀连接的母线压变或避雷器等可在运行状态	母分及其所有连接该母线的线路、主变本侧间隔均在冷备用，母线压变冷备用或检修，母线上有接地线或合上接地闸刀
双母线接线①	母联开关或任一线路、主变开关在运行状态（也包括仅任一开关的母线闸刀合上状态）	无此状态	母联冷备用及其所有连接该母线主变、线路的母线闸刀均在断开状态。唯通过高压闸刀连接的母线压变或避雷器等可在运行状态	母联冷备用及所有连接该母线主变、线路的母线闸刀均在断开状态，母线压变冷备用或检修，母线上有接地线或合上接地闸刀
双母线接线②	旁路开关或任一线路、主变开关在运行状态（也包括仅任一开关的母线闸刀合上状态）	无此状态	旁路开关不作母联运行及所有连接该母线的主变、线路的母线闸刀，正（副）母线旁路闸刀均断开。唯通过高压闸刀连接的母线压变或避雷器等可在运行状态	旁路开关不作母联运行及所有连接该母线主变、线路的母线闸刀、正（副）母线旁路闸刀均在断开状态，母线压变冷备用或检修，母线上有接地线或合上接地闸刀
双母单（双）分段母线接线	母联（或分段）开关或任一线路、主变开关在运行状态（也包括仅任一开关的母线闸刀合上状态）	无此状态	连接该母线的母联及分段开关都为冷备用以及所有连接该母线主变、线路的母线闸刀均在断开状态，唯通过高压闸刀连接的母线压变或避雷器等可在运行状态	连接该母线的母联及分段开关都为冷备用以及所有连接该母线主变、线路的母线闸刀均在断开状态，母线压变冷备用或检修，母线上有接地线或合上接地闸刀

注 1．双母线接线①、②分别指双母线专用母联开关和双母线旁路兼母联接线方式。
2．35kV 母线（旁母）有单独避雷器间隔检修时由调度单独发令。
3．对于在母线压变柜用接地手车将母线接地的母线检修状态，还应包括母线压变检修状态。

1.3.2 母线操作任务形式

1.3.2.1 ××母线由运行改为检修（或冷备用）。

1.3.2.2 ××母线由冷备用改为运行（或检修）。

1.3.2.3 ××母线由检修改为运行（或冷备用）。

1.3.2.4 ××母联（分段）开关由运行改为检修（或冷备用或热备用）。

1.3.2.5 ××母联（分段）开关由热备用改为运行（或冷备用或检修）。

1.3.2.6 ××母联（分段）开关由冷备用改为运行（或热备用或检修）。

1.3.2.7 ××母联（分段）开关由检修改为运行（或热备用或冷备用）。

1.3.2.8 ××旁路开关由母联运行改为×母对旁母充电（或母联热备用）。

1.3.2.9 ××旁路开关由母联热备用改为×母对旁母充电（或母联运行）。

1.3.2.10 ××旁路开关由×母对旁母充电改为母联运行（或母联热备用或×母对旁母充电热备用或冷备用或检修）。

1.3.2.11 ××旁路开关由×母对旁母充电热备用改为母联运行（或母联热备用或×母对旁母充电或冷备用或检修）。

1.3.2.12 ××旁路开关由冷备用改为×母对旁母充电（或×母对旁母充电热备用或检修或运行）。

1.3.2.13 ××旁路开关由检修改为×母对旁母充电（或×母对旁母充电热备用或冷备用或运行）。

1.3.2.14 ××母分（旁路）开关由母分运行改为×母对旁母充电（或×母对旁母充电热备用）。

1.3.2.15 ××母分（旁路）开关由母分热备用改为×母对旁母充电（或母分运行）。

1.3.2.16 ××母分（旁路）开关由×母对旁母充电改为母分运行（或母分热备用或×母对旁母充电热备用或冷备用或检修）。

1.3.2.17 ××母分（旁路）开关由×母对旁母充电热备用改为母分运行（或母分热备用或×母对旁母充电或冷备用或检修）。

1.3.2.18 ××母分（旁路）开关由冷备用改为×母对旁母充电（或×母对旁母充电热备用或检修）。

1.3.2.19 ××母分（旁路）开关由检修改为×母对旁母充电（或×母对旁母充电热备用或冷备用）。

1.3.2.20 ××旁路母线由运行改为冷备用（或检修）。

1.3.2.21 ××旁路母线由冷备用改为检修。

1.3.2.22 ××旁路母线由检修改为冷备用。

1.3.2.23 ××母线压变由运行改为检修（或冷备用）。

1.3.2.24 ××母线压变由冷备用改为检修（或运行）。

1.3.2.25 ××母线压变由检修改为运行（或冷备用）。

1.3.2.26 ××线路（或主变）由×母运行（或热备用）倒至×母运行（或热备用）。

1.3.2.27　××线路（或主变）由×母运行（或热备用）倒至×母运行（或热备用）（冷倒）。

1.3.3　母线操作任务包括的内容

1.3.3.1　双母接线（含双母分段接线）一条母线停役操作时，应包括改变母差方式、电压回路切换、倒排、母联（分段）开关改冷备用。如果母线改检修，还需要母线压变改冷备用、合上母线接地闸刀或挂上接地线。母联（分段）开关或压变改检修的操作由调度单独发令。母线复役操作时，如利用母联（分段）开关充电时，还应包括用上母联（分段）开关充电解列保护。

1.3.3.2　单母分段接线其中一段母线停役操作应包括母差电压回路切换、母分开关改冷备用，若有母分闸刀或母线旁路闸刀则也应拉开。如果母线改检修，还需要母线压变改冷备用，合上母线接地闸刀或挂上接地线。母分开关或压变改检修由调度单独发令。

母线复役操作时，如利用母分开关充电，还应包括用上母分开关充电解列保护。无法用母分开关充复役母线时，应利用线路开关对母线充电，而应避免利用闸刀对母线充电。

连接该母线上的变压器及线路改冷备用的操作一般应由调度单独发令（对侧先全部拉停的除外）。

1.3.3.3　“××母线由冷备用改检修”应包括母线压变改为冷备用，母线压变或带高压闸刀的独立母线避雷器如要进一步改检修则应单独再发令。

“××母线由检修改冷备用”应包括压变改为运行（但应防止压变二次侧电压反馈至高压侧）。若母线压变或带高压闸刀的独立母线避雷器处于检修状态，一般应先单独发令将母线压变或独立母线避雷器改为冷备用。

1.3.3.4　双母线的母联开关检修有三种方式：第一种是合上某间隔正、副母闸刀，再将母联开关由运行改检修；第二种是倒排空出一条母线，再将母联开关由运行改检修；第三种是正、副母分列运行，分列前，应调整线路接排方式，确保分列后电网方式合理，调整主变中性点接地方式确保分列后每段母线上都有一台主变中性点直接接地。调整完毕后，再将母联开关由运行改检修，同时正、副母分列运行。

单母分段兼旁路接线方式母分开关改检修（或冷备用）时，分“母分开关由母分运行改对旁母充电”“母分开关由对旁母充电改为开关检修（或冷备用）”两步操作，“母分开关由母分运行改对旁母充电”的操作（某段母线同时需停役操作的除外）应包括母差保护改单母差动、合上母线分段闸刀、拉开×段母线旁母闸刀以及取下主变后备保护跳母分开关压板。复役时同样应分两步。

1.3.3.5　双母线旁路兼母联的接线，当旁路开关由母联运行改为对旁母充电时有两种方式：一种是旁路开关改为正、副母对旁母充电；另一种是合上其他某间隔正、副母闸刀，旁路开关改正（副）母对旁母充电。

双母线旁路兼母联的接线，当旁母由检修（或冷备用）改运行操作时，应该利用旁路开关对旁母充电，而尽量避免利用旁路闸刀对停电一段时间后的旁母充电。同时，在发令时应注意说明旁路母线恢复后的运行方式（有旁路开关充电运行和母联运行两种）。

1.3.3.6 母线压变停役操作时，母联开关不改非自动，母差保护方式不改变。电压回路切换时，应先取下压变次级熔丝，再拉开压变高压侧闸刀，以防止压变二次侧电压反馈至高压侧。

1.3.3.7 对于采用 GIS 封闭母线的发电厂或变电站，现场规程应该明确能否用母线闸刀对母线进行拉合空充电流操作。

1.4 主变操作任务的形式及其内容

1.4.1 主变操作任务的形式

1.4.1.1 #×主变由运行改主变检修。

1.4.1.2 #×主变由主变检修改正（副）母运行。

1.4.1.3 #×主变由运行改主变及××开关检修。

1.4.1.4 #×主变由主变及××开关检修改正（副）母运行。

1.4.1.5 #×主变××开关由正（副）母运行改热备用。

1.4.1.6 #×主变××开关由正（副）母热备用改运行。

1.4.1.7 #×主变××开关由正（副）母运行改冷备用。

1.4.1.8 #×主变××开关由冷备用改正（副）母运行。

1.4.1.9 #×主变××开关由正（副）母运行改开关检修。

1.4.1.10 #×主变××开关由开关检修改正（副）母运行。

1.4.2 主变操作任务包括内容

1.4.2.1 主变由运行改检修操作内容，包括拉开主变各侧开关、闸刀，在主变一侧或各侧合上接地闸刀或挂上接地线，取下主变各侧的保护跳其他开关压板（如母联、母分开关），取下其他运行设备的保护跳停役主变的压板，取下母差及失灵保护压板。

主变由运行改主变及一侧开关检修作内容，包括完成“主变改检修”和“开关改检修”的操作任务。“开关改检修”操作应包括母差 TA 脱离母差回路。

1.4.2.2 220kV、110kV 变压器在停役和复役操作时，应先合上变压器中性点接地闸刀，待操作完毕再按规定调整中性点接地方式，若涉及两台主变并列，应包括检查主变分接头在可并列位置。

1.4.2.3 对于主变已实行操作下放的发电厂，主变停役操作时，调度只发布“××主变由运行改热备用”的操作指令（主变中、低压侧应先已在热备用），主变工作所需的安全措施及主变工作的许可和汇报均由现场掌握，主变复役操作由现场将主变改为热备用，然后汇报调度，“主变由热备用改运行”的操作由调度发令。

1.4.2.4 对于采用桥式接线的 110kV 变电站，主变改冷备用或检修状态时，应取下主变保护（电量及非电量保护）联跳其他相关开关（110kV 进线开关、桥开关及中低压侧母分开关）出口压板；主变冷备用或检修状态时，如工作需要停用测控装置电源由现场自行负责调度不发令。内桥接线的主变操作，进线开关、母分（内桥）开关、低压侧开关一般均单独发令（地区另有规定的除外）。

内桥接线主变改检修一般操作步骤：先将主变中低压侧开关改冷备用，进线开关、母分（内桥）开关改热备用，然后再拉开主变高压侧闸刀（以主变冷备用状态过渡），最后再改主变检修。

1.4.2.5　主变中性点装有消弧线圈的变电站，当主变及主变 35kV 侧开关停役和复役操作时，应同时调整其中性点运行方式。

1.4.2.6　主变单侧开关停役，用旁路开关代路操作，应包括主变保护电流回路、电压回路切换至旁路，放上主变保护跳旁路开关压板，旁路保护及重合闸停用；当旁路流变变比与主变压器开关流变变比不一致时，还应注意调整主变保护定值。

1.5　旁路或母分开关代线路或主变开关操作的任务形式及其内容

1.5.1　操作任务形式

1.5.1.1　××旁路开关由×母对旁母充电改为代××线（或主变××）开关×母运行，××线（或主变××）开关由×母运行改为检修（或冷备用或热备用）。

1.5.1.2　××线（或主变××）开关由检修（或冷备用或热备用）改为×母运行，××旁路开关由代××线（或主变××）开关×母运行改为×母对旁母充电。

1.5.1.3　××母分（旁路）开关由母分运行改为×母对旁母充电。

1.5.1.4　××母分（旁路）开关由×母对旁母充电改代××线（或主变××）开关×母运行，××线（或主变××）开关由×母运行改检修（或冷备用或热备用）。

1.5.1.5 ××线（或主变××）开关由检修（或冷备用或热备用）改×母运行，××母分（旁路）开关由代××线（或主变××）开关×母运行改为×母对旁母充电。

1.5.1.6　××母分（旁路）开关由×母对旁母充电改为母分运行。

1.5.2　操作任务包括的内容

1.5.2.1　旁路开关代××线路（或主变××）开关操作，应包括旁路倒排，使母线接线方式与被代开关一致，合上被代线路（或主变）旁路闸刀，再完成被代开关改“开关检修”的操作任务。

1.5.2.2　旁路开关代线路开关操作，应包括被代开关纵联通道设备切换至旁路保护，旁路保护的定值及重合闸方式改为被代线路定值与方式。

旁路开关代主变开关操作，应包括主变差动保护电流回路的切换（切换至旁路流变），主变第二套保护不可切换时，应改信号。

1.5.2.3　母分开关由母分运行改为×母对旁母充电操作，应包括母差保护方式的变化，合上母分闸刀，再将母分开关改为×母对旁母充电，母分开关由×母对旁母充电改为代××开关的操作内容与旁路开关代××开关内容相同。

1.5.2.4 旁路开关对旁母充电时，旁路开关距离、零序保护改直跳（定值区由现场定，应注意采用距离 I 段投入的定值），重合闸应停用。

1.5.2.5 旁路、母分开关代××开关运行的停役操作时，名称不变化，调度发令方式：××旁路（母分）开关由代××线（或主变××）开关运行改为冷备用，包括拉开被代线路（主变）旁路闸刀。必要时，调度也可采用逐项操作指令形式。

1.5.2.6 有旁路母线的发电厂或变电站，现场必须明确能否用旁路闸刀空充旁路母线，并因此确定旁路代是采用等电位旁路代操作法还是采用零电位旁路代操作法。

1.5.2.7 旁路开关代线路或主变开关的操作在实际运行中还经常是在被代线路或主变开关操作异常时被使用的，比如开关已闭锁分闸、非全相运行等情况，应注意采用等电位旁路代操作法，并需用开关的闸刀拉开分路电流。

1.5.2.8 如果线路两套纵联保护均为分相电流差动保护的，原则上不采取旁路代该线路开关的运行方式。

1.6 保护及自动装置操作任务的形式及其内容

1.6.1 保护及自动装置设备状态

1.6.1.1 继电保护和安全自动装置的调度状态统一为跳闸、信号和停用三种。跳闸状态一般指装置电源开启、功能压板和出口压板均投入；信号状态一般指出口压板退出，功能压板投入（与其他保护共用出口的线路纵联保护、主变差动保护、分布式低频低压减载等除外），装置电源仍开启；停用状态一般指出口压板和功能压板均退出，保护检修状态硬压板投入（智能变电站），装置电源关闭。

1.6.1.2 智能终端设跳闸和停用两个状态。跳闸状态指装置电源开启，跳合闸出口硬压板投入，检修状态硬压板退出；停用状态指装置电源开启，出口硬压板退出，检修状态硬压板投入。

1.6.1.3 合并单元设跳闸和停用两个状态。跳闸状态是指装置电源开启，检修状态硬压板退出；停用状态是指装置电源开启，检修状态硬压板投入。

1.6.1.4 故障录波器仅有信号和停用状态。信号状态是指装置电源开启，停用状态是指装置电源关闭。

1.6.2 保护及自动装置操作任务的形式

1.6.2.1 主变保护

1.6.2.1.1 220kV 主变保护

1.6.2.1.1.1 #×主变第一套（第二套）保护由跳闸改为信号（或停用）。

1.6.2.1.1.2 #×主变第一套（第二套）保护由信号改为跳闸（或停用）。

1.6.2.1.1.3 #×主变第一套（第二套）保护由停用改为信号（或跳闸）。

1.6.2.1.1.4 #×主变第一套（第二套）差动保护由跳闸改为信号。

1.6.2.1.1.5　#×主变第一套（第二套）差动保护由信号改为跳闸。

1.6.2.1.1.6　#×主变保护定值由×区（定值）改为×区（定值）。

1.6.2.1.1.7　#×主变断路器保护由跳闸改为信号（或停用）。

1.6.2.1.1.8　#×主变断路器保护由信号改为跳闸（或停用）。

1.6.2.1.1.9　#×主变断路器保护由停用改为信号（或跳闸）。

1.6.2.1.1.10　#×主变×（非电量及辅助保护）保护由跳闸改为信号（或停用）。

1.6.2.1.1.11　#×主变×（非电量及辅助保护）保护由信号改为跳闸（或停用）。

1.6.2.1.1.12　#×主变×（非电量及辅助保护）保护由停用改为信号（或跳闸）。

1.6.2.1.2　110kV、35kV 主变保护

1.6.2.1.2.1　#×主变差动保护由跳闸改为信号（或停用）。

1.6.2.1.2.2　#×主变差动保护由信号改为跳闸（或停用）。

1.6.2.1.2.3　#×主变差动保护由停用改为信号（或跳闸）。

1.6.2.1.2.4　#×主变×kV 后备保护由跳闸改为信号（或停用）。

1.6.2.1.2.5　#×主变×kV 后备保护由信号改为跳闸（或停用）。

1.6.2.1.2.6　#×主变×kV 后备保护由停用改为信号（或跳闸）。

1.6.2.1.2.7　#×主变×kV 后备保护时限由×s 改为×s。

注：1. 1.6.2.1.2 为主后备独立、单套配置的主变保护操作形式。当 110kV 主变保护主后一体化、双套配置时，其操作任务形式参照 220kV 主变保护。

2. 主变各侧后备保护独立配置需发令操作时，原则上按各侧单独发令，不发综合令。特殊状况根据实际与现场商量而定。

1.6.2.2　110kV 及以下母差保护

1.6.2.2.1　××母差保护由跳闸改为信号（或停用）。

1.6.2.2.2　××母差保护由信号改为跳闸（或停用）。

1.6.2.2.3　××母差保护由停用改为信号（或跳闸）。

注：110kV 双母双分段母线Ⅰ、Ⅱ段母差保护正常作为两个独立的调度设备单独进行操作，调度运行命名为“110kV Ⅰ段（或Ⅱ段）母差保护”。

1.6.2.3　110kV 及以下线路保护

1.6.2.3.1　××线保护由跳闸改为信号（或停用）。

1.6.2.3.2 ××线保护由信号改为跳闸（或停用）。

1.6.2.3.3 ××线保护由停用改为信号（或跳闸）。

1.6.2.3.4 ××线保护定值由×区（定值）改为×区（定值）。

注：1.6.2.3.1～1.6.2.3.4 为线路保护不包含纵联保护功能时的操作形式。

1.6.2.3.5　××线纵联保护由跳闸改为信号（或停用）。

1.6.2.3.6　××线纵联保护由信号改为跳闸（或停用）。

1.6.2.3.7　××线纵联保护由停用改为信号（或跳闸）。

1.6.2.3.8　××线微机保护由跳闸改为信号（或停用）。

1.6.2.3.9　××线微机保护由信号改为跳闸（或停用）。

1.6.2.3.10　××线微机保护由停用改为信号（或跳闸）。

1.6.2.3.11　××线微机保护定值由×区（定值）改为×区（定值）。

注：1.6.2.3.5～1.6.2.3.11 为线路保护包含纵联保护功能时的操作形式。

1.6.2.4　110kV 及以下线路重合闸

1.6.2.4.1　××线重合闸由跳闸改为信号。

1.6.2.4.2　××线重合闸由信号改为跳闸。

1.6.2.5　110kV 及以下母联（母分）保护

1.6.2.5.1　××kV（#×）母联（母分）保护由跳闸改为信号（或停用）。

1.6.2.5.2　××kV（#×）母联（母分）保护由信号改为跳闸（或停用）。

1.6.2.5.3　××kV（#×）母联（母分）保护由停用改为信号（或跳闸）。

1.6.2.5.4　××kV（#×）母联（母分）保护定值由×区改为×区。

1.6.2.5.5　××kV（#×）母联（母分）过流解列保护由跳闸改为信号（或停用）。

1.6.2.5.6　××kV（#×）母联（母分）过流解列保护由信号改为跳闸（或停用）。

1.6.2.5.7　××kV（#×）母联（母分）过流解列保护由停用改为信号（或跳闸）。

1.6.2.5.8　××kV（#×）母联（母分）过流解列保护定值由×区改为×区。

注：110kV 及以下母联（母分）保护、过流解列保护改跳闸时应明确对应的定值区或用途。

1.6.2.6　110kV 合环解列保护

1.6.2.6.1　110kV 合环解列保护由跳闸改为信号（或停用）。

1.6.2.6.2　110kV 合环解列保护由信号改为跳闸（跳××开关）（或停用）。

1.6.2.6.3　110kV 合环解列保护由停用改为信号（或跳闸）。

注：合环解列保护正常运行时为信号状态，电磁合环操作时投入跳闸，解环后改信号。若该保护有两块以上跳闸出口压板，则保护改跳闸时应指明所跳开关。

1.6.2.7　低频减载装置

1.6.2.7.1　××低频减载装置由跳闸改为信号（或停用）。

1.6.2.7.2　××低频减载装置由信号改为跳闸（或停用）。

1.6.2.7.3　××低频减载装置由停用改为信号（或跳闸）。

注：1.6.2.7.1～1.6.2.7.3 为集中式低频减载装置的操作任务形式。

1.6.2.7.4　××低频保护由跳闸改为信号。

1.6.2.7.5　××低频保护由信号改为跳闸。

注：1.6.2.7.4～1.6.2.7.5 为分散在线路保护中的低频保护操作形式。

1.6.2.8　备自投装置

1.6.2.8.1　××备自投装置由跳闸改为信号（或停用）。

1.6.2.8.2　××备自投装置由信号改为跳闸（或停用）。

1.6.2.8.3　××备自投装置由停用改为信号（或跳闸）。

1.6.2.9　主变过载联切装置

1.6.2.9.1　主变过载联切装置由跳闸改为信号（或停用）。

1.6.2.9.2　主变过载联切装置由信号改为跳闸（或停用）。

1.6.2.9.3　主变过载联切装置由停用改为信号（或跳闸）。

1.6.2.10　安全自动装置

1.6.2.10.1　××自动装置由跳闸改为信号（或停用）。

1.6.2.10.2　××自动装置由信号改为跳闸（或停用）。

1.6.2.10.3　××自动装置由停用改为信号（或跳闸）。

1.6.2.10.4　××自动装置由××跳闸改为××跳闸。

注：安全自动装置应统一调度命名，有两个及以上子站通过通道构成的安全自动装置应命名为××系统。当自动装置（或系统）有多种跳闸方式时，发令形式应包括跳闸方式之间的切换；改跳闸时，还应注意跳闸状态的明确。

1.6.3　操作说明

1.6.3.1　省调授权地调调度的220kV线路保护、母差保护、母联过流解列保护操作任务按照省调调度规程执行。

1.6.3.2　双重化配置的保护操作任务中应明确第一（二）套。

1.6.3.3　除装置电源故障外，调度对继电保护和安全自动装置的发令一般只到信号状态。停用状态一般由现场掌握，但复役前应注意及时恢复到调度发令状态。

1.6.3.4　对于智能变电站，调度仅对保护及安全自动装置发令，发令形式同常规变电站。合并单元、智能终端、交换机等检修或故障时，由现场分析二次设备受影响的范围，申请停役相关保护，并在现场运行规程中明确细化。

1.6.3.5　故障录波器调度不单独发令，经调度同意后由现场根据需要进行操作。

1.6.3.6　主变保护操作说明

1.6.3.6.1　主变差动保护及非电量保护可根据需要单独发令。

1.6.3.6.2　当主变保护双重化配置时，后备保护一般不单独投退，跟随主变保护整体操作；当主变保护单套配置时，主保护与后备保护装置独立配置，各侧后备保护可根据需要单独发令。

1.6.3.6.3　双重化配置的主变差动保护只有跳闸与信号两种状态，差动保护由跳闸改信号时仅退出差动保护功能压板，主变保护跳闸出口压板仍保持投入状态。

1.6.3.6.4　主变断路器保护中主要包括失灵电流判别功能。除断路器保护装置自身工作外，一般调度不对其单独发令，正常失灵保护功能的投退应主要包含在开关的一次状态改变中。

1.6.3.7　110kV及以下线路保护操作说明

1.6.3.7.1　线路配置纵联保护时，纵联保护与线路微机保护应单独发令。线路未配置纵联保护时，线路保护即线路微机保护。

1.6.3.7.2　线路纵联保护包括跳闸、信号、停用三种状态，正常运行时，线路纵联保护两侧状态应一致。

1.6.3.7.3　纵联保护正常操作不得直接由跳闸改为停用，也不得直接由停用改为跳闸。

1.6.3.7.4　纵联保护由跳闸改为信号，主要包括操作将纵联主保护功能压板退出，线路保护出口压板仍投入，纵联保护通道接口装置电源仍开启，纵联通道保持通畅。由信号改停用状态时，应包括关闭通道接口装置（高频收发信机）电源。

1.6.3.7.5　对闭锁式高频保护，纵联保护改跳闸前，应测试高频通道正常。

1.6.3.7.6　110kV及以下线路重合闸功能包含在线路保护中，因此随线路微机保护同步投退，一般调度不再单独发令。当因工作需要调度单独发令将重合闸由跳闸改信号状态时，应包括退出重合闸出口压板，投入闭锁（停用）重合闸压板或将重合闸方式切换开关切在“停用”位置。

1.6.3.7.7　线路微机保护由跳闸改信号操作，应包括确认对应纵联保护功能压板已退出，退出保护所有跳、合闸出口压板。线路微机保护由信号改停用时，应包括取下各保护功能压板（含距离、零序保护、重合闸、低频保护、线路联跳解列保护等），并关闭装置电源。

1.6.3.8　110kV及以下母差保护操作说明

1.6.3.8.1　母差保护由信号改跳闸时应检查差流正常。

1.6.3.8.2　220kV变电站35kV母差保护退出后，若涉及主变低压侧后备保护定值调整，则由调度单独发令。

1.6.3.9　110kV及以下母联（母分）保护操作说明

1.6.3.9.1　母联（母分）保护中包括充电保护和过流解列保护。充电保护调度一般不单独发令，在母联（母分）开关向空母线充电时使用，操作步骤应包含在一次操作内容中。

1.6.3.9.2　母联（母分）过流解列保护改跳闸时，应根据具体应用场合切换相应的定值区，并投入相应的功能压板及跳闸出口压板。

1.6.3.9.3　母联（母分）过流解列保护功能改跳闸前，需特别注意负荷电流情况的掌握和控制。

1.6.3.10　安全自动装置操作包括的内容

1.6.3.10.1　安全自动装置除线路（或母联、母分）备自投以外，其他均应在装置投用前根据调度规程制定专门的调度运行管理规定。

1.6.3.10.2　分布式低频保护功能包含在线路保护中，一般不单独发令，随线路微机保护同步投退。当工作需要调度单独发令由跳闸改信号状态时，只需取下低频保护功能压板，跳闸压板仍保持投入。

1.6.3.10.3　当主变过载联切负荷装置有多种跳闸方式时，装置改跳闸时由现场根据实际系统运行方式进行操作。多种跳闸方式之间不得直接进行切换操作，需通过信号状态过渡。